KB090423

개정판

La via est trop courte pour boire du mauvais vin

WINE & SOMMELIER
about 와인&소믈리에

김현영·조원섭 공저

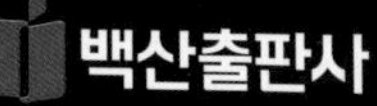

머리말

최근 몇 년 간 건강지향적 삶을 추구하는 소비자가 증가하였고, '웰빙'이란 화두는 지금까지도 지속되고 있습니다. 이러한 사회적 현상은 고도주를 선호하는 우리의 음주문화를 변화시키기 시작하였습니다. 건강을 생각하는 소비자들은 저도주이면서 건강에 좋은 '와인'을 즐기기 시작하였고 현재 와인은 대중적인 음료 중 하나로 자리 잡게 되었습니다.

과거 낯설게만 느껴졌던 '와인 소믈리에'는 이제는 너무나도 익숙해진 직업 중 하나가 되었고, 미래의 유망직종으로 주목받고 있습니다. 그리고 최근 학생들의 와인과 소믈리에에 대한 지적 호기심과 관심이 날로 증가하고 있다는 것을 몸소 실감하고 있습니다.

본서는 와인을 처음 시작하는 초보자뿐만 아니라 전문가들도 편하게 볼 수 있도록 내용을 구성하였습니다. 그리고 최근 몇 년 사이에 개정되었거나 추가된 와인 관련 정보를 함께 제공하고자 노력하였고, '국가별 와인'에서는 국가별 와인에 대한 전반적인 지식뿐 아니라 와인 관련 일화 및 역사적 사건 등의 '스토리 텔링'적 부분도 추가하였습니다.

'와인 서비스 실무' 부분은 와인 소믈리에를 꿈꾸는 학생과 초보자들을 위해 서비스 과정을 상세히 기술하였습니다.

와인과 소믈리에에 대한 이해에 많은 도움이 되길 바랍니다.

마지막으로 이 책이 출판되기까지 지원해 주신 백산출판사의 진욱상 사장님께 감사드리며, 처음부터 책이 출판되는 마지막 순간까지 힘써주신 조경연 이사님 그리고 편집부 직원 여러분들께 진심으로 감사드립니다. 그리고 사진 요청에 흔쾌히 수락해주신 분들과 책 표지 일러스트를 그려 준 emkei님께도 진심으로 감사드립니다.

목 차

제 1 부 와인의 기초

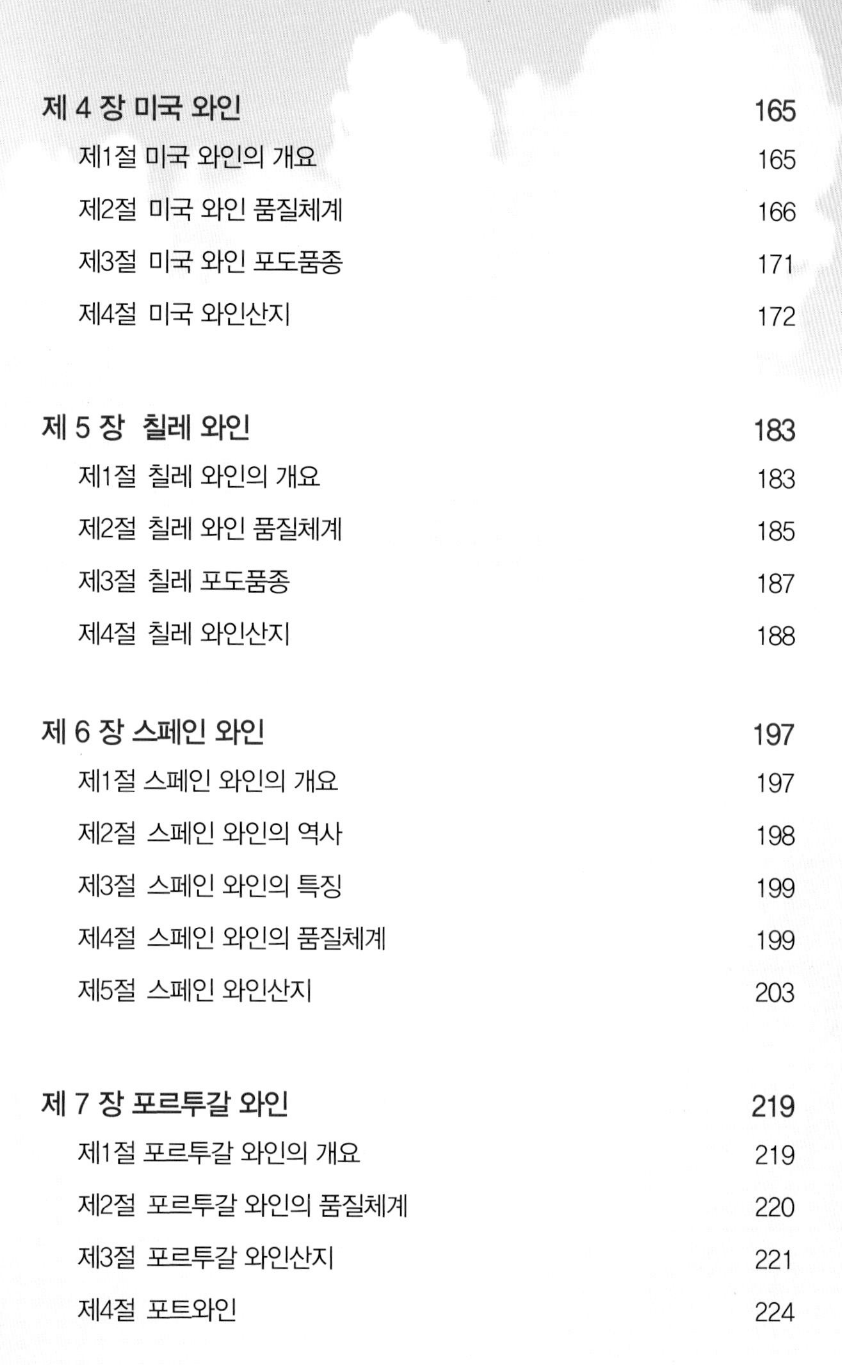

제 3 부 와인소믈리에 실무

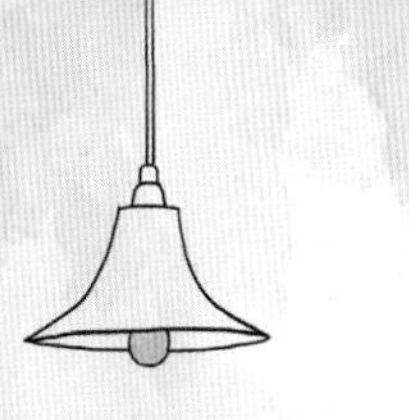

와인의 기초

제 1 장 와인의 역사

제1절 음료란

1. 음료의 정의

음료는 삶을 영위하는 필수적인 요소이며, 일상생활과 밀접한 관련이 있다. 음료는 인류의 역사와 같이 발전하였다. 음료의 기본은 물이며 물은 사람의 생존과 관련되어 있다. 강가에 문명이 발달한 이유 또한 인간과 물의 밀접한 관계에서 찾아 볼 수 있다.

최초의 인류는 물 자체를 섭취하여 갈증을 해소하였을 것이다. 그러나 세월이 흐르면서 물이 오염되어 인류는 그 나름대로의 방법으로 마실 물을 구하기 시작하였을 것이다. 우리나라 근대 마을 우물에 숯을 넣는 이유도 물을 정화시키기 위한 방법이었다.

현대에 이르러 기술의 발달과 생활수준의 향상으로 인간의 욕구와 가치관이 다변화되었고, 인류가 마시는 물에 대한 욕구 역시 다양하게 변화하고 있다. 이러한 욕구에 부응하기 위하여 다양한 음료가 개발되고 있다.

일반적으로 "음료"는 콜라, 사이다, 주스, 우유 등의 비알코올성 음료로 인식되고, 소주, 맥주, 위스키 등의 알코올성 음료는 "술"이라고 일컬으면서 음료와 구분되어 사용하고 있다. 그러나 엄격히 구분하면 "음료"는 알코올성 음료와 비알코올성 음료를 통칭하는 말이다. 즉, 음료라 함은 마실 수 있는 모든 액체라 할 수 있다.

2. 음료의 역사

음료의 역사를 살펴보면 어떤 음료가 어떻게 발견되었으며, 어떤 방법으로 음용되었는지에 관한 고고학적 자료는 존재하지 않아 정확히 알 수 없으나 고고학자들은 인류가 최초로 물이 아닌 음료수로 꿀을 물에 타서 마셨을 것이라 추측하고 있다. 이러한 근거로 학자들은 스페인 발렌시아 부근 동굴 암각화를 들고 있다. 스페인의 발렌시아(Valencia) 부근의 동굴에서 약 1만년 전으로 추측되는 암각화가 1919년에 발견되었다. 이 암각화에는 오른쪽 사람이 한 손에 바구니를 들고 있다. 고고학자들은 벽화 속 바구니가 밀봉을 채취하는 인물의 그림이라고 주장하며 이 밀봉을 물에 혼합하여 마신 것이 물 다음의 음료라 전하고 있다.

❶ 스페인 발렌시아(Valencia) 부근의 동굴에서 발견된 암각화
❷ 약 1만년 전 조각으로 추측됨
❸ 1919년 발견
❹ 오른쪽 사람이 어깨에 멘 바구니가 밀봉으로 추측됨

그리고 기원전 6천년경 바빌로니아에서는 레몬과즙을 음용했다는 기록이 전해지고 있어, 벌꿀 다음으로 사람이 발견한 음료는 과즙으로 추측하고 있다. 이후 이곳에서는 밀빵이 물에 젖어 발효된 맥주를 발견해 음용하였다고 전하고 있다. 한편, 중앙아시아 지역에는 야생포도가 쌓여 발효된 포도주를 발견하여 마셨다고 한다. 포도주 양조에 관한 근거는 티그리스강 유역 수메르인의 유적지에서 발견된 점토판(기원전 3천 5백년경)에서 찾을 수 있는데, 이것에는 포도주를 양조한 기록이 있다. 또한 기원전 천 3백년경의 이집트 왕인 람세스의 무덤에는 포도의 재배와 와인양조에 관한 그림이 있다.

"발효된 음료의 기원은 원숭이일 것이다"라는 흥미로운 주장도 있다. 이 주장에 따르면 최초로 술을 빚은 것이 원숭이이며 이 술을 인간이 먹어보고 맛이 좋아 계속 만들어 먹었다는 것이다. 즉, 원숭이들이 나뭇가지의 갈라진 틈 또는 바위틈에 과실을 저장해 둔 것이 발효되어 인간이 발견하고 이를 즐겼다는 것이다. 동물은 먹을거리가 풍요로운 때 겨울을 준비하기 위하여 여러 곳에 먹을거리를 숨겨두는 버릇이 있어 설득력 있는 주장이라 할 수 있다.

중세 이전의 사람들은 벌꿀주(mead/미드), 맥주, 포도주 등의 양조주를 즐겼다. 이후 중세(8세기)에 아랍의 연금술사인 제버(Geber)는 강한 주정을 만드는 과정을 발견하였다. 이 증류기술은 유럽전역으로 점차 전파되었고, 증류기술의 전파로 12세기 러시아에서 보드카가 만들어졌고, 13세기에 브랜디가 만들어졌다. 그리고 17세기에 진과 럼이 만들어졌으며, 이후 풀케를 증류한 데킬라 등의 증류주가 만들어졌다.

인류가 음용하는 음료의 역사에 있어서 큰 전환점은 탄산가스의 발견이다. 탄산가스의 발견은 "음료의 혁명"이라고 표현할 정도로 음료의 역사에 있어서 중요한 영향을 미쳤다. 탄산가스의 발견은 자연적으로 솟아나는 천연광천수의 발견과 음용에서 출발하였다. 사람들은 천연광천수 중 어떤 광천수는 건강에 도움이 된다는 사실을 알게 되어 환자에게 또는 건강상의 이유로 음용하였다. 그리스에는 "광천수가 인간을 장수하게 했다"라는 기원전 기록이 있다.

탄산가스는 1772년 영국의 화학자 조셉 프리스트리(Joseph Pristry)가 발견하였다. 그는 탄산가스(이산화탄소)에 압력을 가해 물에 녹이는 방법을 발견하였으며, 탄산수소나트륨과 산을 혼합하여 이산화탄소를 만들어 내는 방법을 발견하였다. 인공 탄산가스의 발견은 탄산음료의 계기가 되었고 청량음료의 발전에 크게 공헌하였다.

대표적인 탄산음료는 소다수로서 소다수가 상업적으로 제조되기 시작한 것은 19세기 초 독일의 약제사인 세트루페에 의해서이다. 그는 천연광천수 모조품 공장을 설립하였는데 그 중 젤처 광천수가 인기를 얻어 지금도 젤처수는 소다수의 대명사로 손꼽히고 있다.

물과 같이 인류가 오래 전부터 음용하였던 음료는 우유이다. 우유는 목축을 주업으로 하는 유목민들이 음용하였을 것이다.

우리나라 전통 음료는 식혜와 수정과를 대표적으로 꼽을 수 있으며, 근대 미국이 우리나라에 주둔하면서 큰 변화가 일어났다. 커피, 홍차, 콜라, 주스 등의 군부대에 보급되던 음료가 시중으로 유출되면서 수요가 늘어났고, 이를 찾는 소비자들이 늘어남으로써 다양한 음료의 개발이 이루어졌다.

동서양 할것없이 세계적으로 널리 보급되어 있는 음료는 커피와 차(Tea)이다. 이 중 커피는 지구촌 저변에 보급되어 있고 많은 인기를 차지하고 있다. 커피는 600년경 예멘에서 염소를 기르는 칼디가 자신이 기르는 염소가 커피 열매를 먹고 힘이 솟는 것을 보고 발견하였으며 초기에는 약용으로 사용되다가 점차 식료와 음료에 사용되면서 홍해 부근의 아랍국가에 전파되고, 천 3백년경 이란에 전파되고, 천 5백년경 터키에 전파되었으며 오늘날 가장 널리 애용되는 기호음료가 되었다.

❖ 인류알코올 발효의 흔적들

그리스 신화

주신인 바커스는 넓은 지역을 여행하면서 포도의 재배법과 양조법을 전파하였다.

이집트 신화

천지의 신인 이시스의 남편 오시리스는 이집트를 통치하던 왕이었으나 동생에게 살해되어 죽은 사람들의 나라에 왕이 되었는데 보리로 맥주를 만드는 방법을 가르쳤다.

성경

노아의 방주에 관한 이야기에서는 하나님이 노아에게 포도의 재배방법과 포도주의 제조방법을 전수하였다고 나오고, 혼인 이야기와 최후의 만찬 등에서 포도주에 관한 이야기가 등장한다.

중국

중국의 고서 "여씨춘추"에 술에 대한 기록이 있다.

하나라의 시조 우왕 때 의적이라는 사람이 곡류를 술을 빚어 왕에게 진상했다는 전설이 있다.

우리나라

"제왕운기"의 동명성왕 건국담 중에 술에 얽힌 이야기가 "고삼국사"에 인용되어 있다.

3. 음료의 분류

음료는 크게 알코올성 음료(Alcoholic Beverage)와 비알코올성 음료(Non Alcoholic Beverage) 두 가지로 분류할 수 있다. 알코올성 음료는 알코올이 포함되어 있는 음료로서 일반적으로 "술"이라 불리는 음료이며, 비알코올성 음료는 알코올이 포함되어 있지 않은 음료를 일컫는다. 알코올성 음료에는 양조주, 증류주, 혼성주가 있으며 비알코올성 음료에는 청량음료, 기호음료, 그리고 영양음료가 있다.

1) 알코올성 음료

알코올성 음료는 알코올과 물이 혼합된 것으로써 우리나라 주세법에서는 술을 주정[1] 1% 이상의 알코올 성분이 포함되어 있는 음료라 규정짓고 있다. 그러나 약사법에서는 알코올 성분 6% 미만인 것을 제외하고 있다.

(1) 양조주

양조주(Fermented Liquor)는 곡류 또는 과실류를 원료로 하여 발효시킨 술이다. 발효는 설탕과 포도당 같은 당분이 효모와 화학작용하여 알코올과 탄산가스로 변하는 과정이다. 과실류는 당분이 함유되어 있어 효모를 첨가하여 발효시키면 와인(포도주, 사과주, 감와인 등)의 양조주가 탄생하고, 곡류 속에 포함되어 있는 전분을 당화효소로 당화시켜 다시 발효공정을 거치면 맥주, 청주, 막걸리 등의 양조주가 탄생된다.

1) 주정 – 희석하여 음료로 즐길 수 있는 것은 물론 정제하여 음료로 즐길 수 있는 조주정도 포함된다.

(2) 증류주

증류주는(Distilled Liquor) 순도가 높은 주정을 만들기 위하여 발효된 양조주를 다시 증류하여 알코올 도수를 높인 술이다. 증류는 혼합물을 구성하는 성분을 서로 다른 기화점[2](또는 비등점[3])을 이용하여 혼합물을 분리하는 방법이다.

토고리를 이용해 홍주를 증류하는 모습

동증류기

물과 알코올이 혼합되어 있는 양조주를 가열하면 알코올은 섭씨 80도에서 수증기로 기화하며, 물은 100도에서 기화한다. 때문에 양조주를 80도에서 100도 사이의 온도를 유지하면서 가열하면 알코올만 기화하고 기화된 수증기를 모아 다시 80도 이하로 냉각시키면 순도가 높은 알코올을 얻을 수 있다. 증류주에는 위스키, 브랜디, 보드카, 럼 그리고 진 등이 있다.

(3) 혼성주

혼성주(Compounded Liquor)는 양조주나 증류주에 식물의 뿌리, 열매, 과즙, 색소 등을 더해서 색다른 풍미의 술로 다시 만든 술이다. 이 혼성주는 주로 칵테일

2) 액체가 기체로 변화하는 온도
3) 액체가 끓기 시작하는 온도

의 부재료로 사용되며 칵테일이 독특한 향미와 색을 나타낼 수 있도록 한다. 혼성주는 식물의 원료에 따라 약초/향초류, 과실류, 종자류 등으로 구분할 수 있다.

2) 비알코올성 음료

비알코올성 음료는 알코올 성분이 포함되어 있지 않은 음료이며, 청량음료, 영양음료, 기호음료 등 세 가지 종류로 구분할 수 있다.

(1) 청량음료

청량음료(Soft Drink)는 탄산음료와 무탄산음료로 구분된다. 탄산음료는 탄산가스가 포함되어 있는 음료로서 콜라, 사이다, 환타, 토닉워터, 소다수, 칼린스믹스, 진저에일 등이 있고, 무탄산음료는 생수가 대표적이다.

(2) 영양음료

영양음료(Nutritious Drink)는 영양성분이 많이 함유되어 있어 건강에 좋은 음료다. 우유, 주스 등이 대표적인 영양음료이다.

(3) 기호음료

기호음료(Favorite Drink)는 기호에 따라 즐기는 음료로서 대표적인 음료가 커피와 차다.

그림 1.3 음료의 종류

제2절 술이란

1. 술의 정의

우리나라 주세법에서 술은 알코올 성분을 1% 이상 함유한 음료로 정의내리고 있다. 술은 알코올, 당분, 그리고 무기질 등이 포함되어 있다. 알코올이란 미생물의 발효에 의하여 만들어진 에틸알코올(Ethyl Alcoholic)을 칭하는 것이다. 알코올은 위와 소장에서 흡수되며, 정맥을 통해 간에서 물과 탄산가스로 분해된다. 한 시간에 분해되는 알코올의 양은 7~8g이며, 술에 함유되어 있는 알코올과 당분은 인체 칼로리의 공급원이 된다.

2. 술의 역사

술은 인류의 역사와 함께 발전해왔으며, 국가마다 국가를 대표하는 술이 있다. 술의 원료는 특정 지방에서 많이 생산되는 주식과 관련되어 있다. 러시아와 같은 추운 지방에서는 주로 재배하는 작물이 감자였기에 감자가 원료인 보드카(Vodka)가 조주되었고, 따뜻한 지방에서는 보리로 맥주(Beer) 또는 위스키(Whisky)를 조주하여 즐겼다. 그리고 더운 지방에서는 포도로 와인(Wine)과 브랜디(Brandy)를 조주하였다. 그리고 열대지방에서는 사탕수수로 럼(Rum)을 만들었다.

감자(보드카의 원료)

사탕수수(럼의 원료)

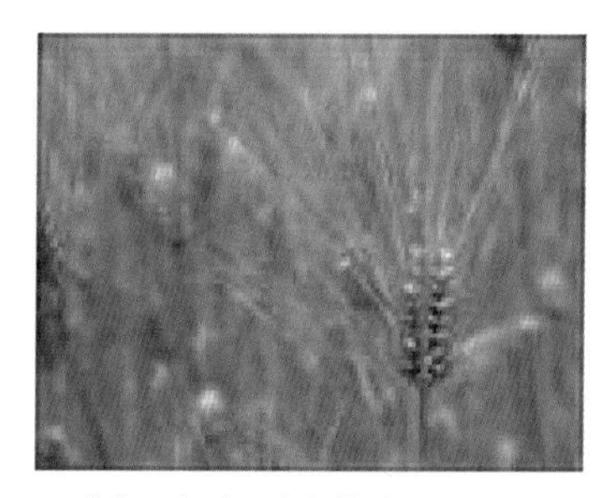
보리(맥주와 위스키의 원료)

시대를 거슬러 올라가 수렵과 채집으로 먹거리를 해결하던 구석기 사람들은 과실주를 발견하였을 것이며, 유목시대에는 가축의 젖으로 술을 빚는 젖술이 만들어졌을 것이다. 곡물을 원료로 만들어지는 술은 농경생활이 시작된 신석기시대 이후였을 것으로 추측된다.

술은 제조방법에 따라 양조주, 증류주, 그리고 혼성주로 구분된다. 양조주는 알코올 함유량이 낮으며, 증류주와 혼성주는 알코올 함유량이 높다. 또한 대부분의 양조주는 증류주와 혼성주에 비해 유통기한이 짧은 것이 특징이다. 따라서 양조주는 FIFO(First In First Out)의 창고 관리 원칙을 철저히 준수하여야 한다.

술의 역사가 언제부터 시작되었는지는 확실히 알 수 없지만, 인류의 출현과 같이 생겨났을 것으로 추측하고 있다. 즉, 당분이 함유되어 있는 과일이 나무 그루터기 또는 움푹 패인 돌에 떨어져 효모와 만나 발효함으로써 술이 되었고, 이 술을 인간이 맛보았을 것으로 추측되어진다. 이후 인류가 식량을 저장해야할 필요로 동굴이나 특정 장소에 과일을 모아 두었는데 이것이 발효되어 술이 되었으며,

이 술을 맛본 인류는 기분이 좋아진다는 사실을 알게 되었고, 이후 인위적으로 술을 빚었을 것으로 추측된다.

우리나라 문헌에서 술에 관한 이야기가 최초로 등장한 것은 "古三國史(고삼국사)"이다. "고삼국사"에는 "제왕운기"의 동명성왕 건국담에 술에 얽힌 이야기가 인용되어 있다.

※ 고삼국사의 술 이야기

하백의 세 딸 유화, 선화, 위화가 더위를 피하여 청하(압록강) 웅심연에서 놀고 있을 때 천제의 아들 해모수가 이들을 보고 아름다움에 취하여 신하를 시켜 가까이 하려고 하였으나 그녀들이 응하지 않았다.

해모수가 신하의 말을 듣고 웅장한 궁전을 지어 그녀들을 초청하였는데 그녀들이 술대접을 받고 취하여 돌아가려하자 해모수가 가로막아 하소연하였으나 그녀들은 달아났다. 그녀들 중 유화가 해모수에게 잡혀 궁전에서 잠을 자게 되었고 해모수와 그녀는 정이 들고 말았다. 이후 주몽이 났으니 주몽이 동명성왕으로 고구려를 세웠다.

술은 순수 우리나라 말로 "수블" 또는 "수불"이라 했다. 조선시대 문헌에는 "수울", "수을"로 기록되어 있어 수블이 수울로 변하고, 수울은 수을로 수을은 술로 변천되었다. "수블"의 뜻은 명확하지 않다. 그러나 발효되는 과정에서 술익는 소리와 모습이 부글부글 끓어오르며 거품이 괴는 현상을 물에 불이 붙는 모양으로 "수불"이라 하였을 것이다.

우리나라는 술을 언제부터 만들었는지 정확히 알 수는 없지만 "삼국지"의 부여전에서 "영고(迎鼓)"라 하는 정월에 하늘에 제사를 지내는 행사가 있었는데 이때 많은 사람들이 모여 술을 마시고 노래하며 춤을 추었다고 전하고 있다.

또, "한전(韓傳)"에서는 마한이 5월에 파종한 이후와 10월에 추수한 이후에 큰 모임이 있어 춤과 노래를 즐기며 술을 마셨고, 고구려에서는 10월에 하늘에 제사를 지내는 "동맹(東盟)"이라는 행사가 있었다고 전하고 있는 것으로 보아 각종 의례에 술을 만들어 먹은 것으로 추측할 수 있다.

우리나라는 오래 전 상고시대부터 농사의 기틀을 마련하였으므로 술의 원료 또한 곡류였을 것으로 추측된다.

3. 조주과정

술은 효모의 발효로서 얻을 수 있다. 효모의 발효에는 당분이 필수적이다. 즉, 당분과 효모가 혼합되어 발효가 이루어진다. 앞장에서 기술한 것과 같이 술은 사람의 주식인 곡류 또는 과실류로 만들어진다. 과실류는 과실자체에 당분이 함유되어 있어 효모가 발효할 수 있지만 곡류는 당분이 함유되어 있지 않아 전분 당화 효소를 사용하여 당화한 후 발효시켜야 한다. 발효과정에서 에틸알코올과 이산화탄소가 발생되는데 이산화탄소는 공기 중에 산화되고, 알코올 성분이 남아 술이 된다.

전분을 당화시키는 효소로는 서양에서는 맥아(엿기름)를 사용하고 동양에서는 누룩을 사용한다. 효모의 작용으로는 약 15% 정도의 알코올 도수를 만들어 낼 수 있다. 보다 높은 알코올이 함유된 술을 만들기 위해서는 발효된 양조주를 증류하여야 한다. 과실주를 증류하여 오크(Oak)통에 저장하여 숙성 과정을 거치면 브랜디 등의 증류주가 생성되고, 곡류를 증류하여 여과 및 저장하면 보드카, 럼, 소주 등의 증류주를 만들 수 있다.

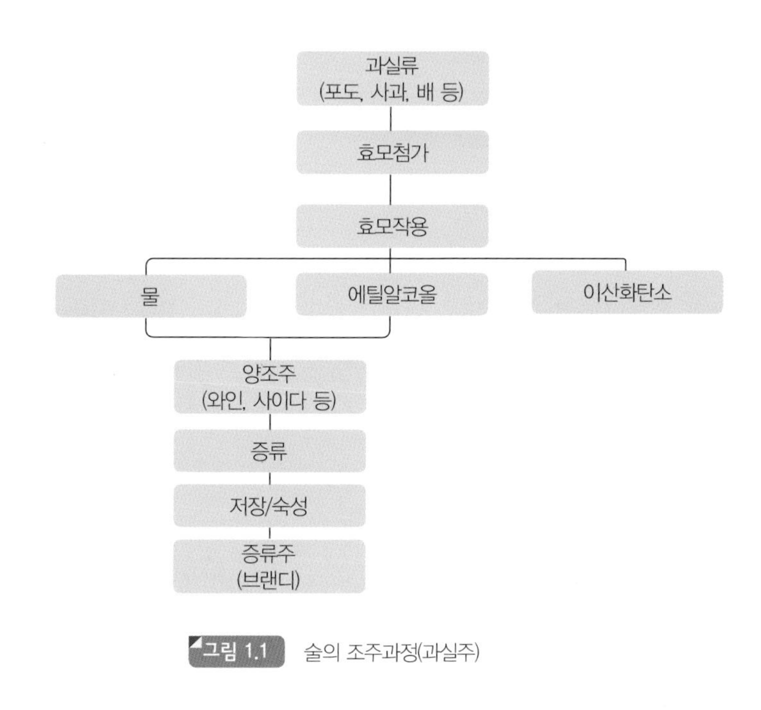

그림 1.1 술의 조주과정(과실주)

다음 그림 1-1과 같이 과실주의 조주과정은 수확, 효모첨가, 효모작용 등을 거치면서 양조주가 만들어지고, 이 양조주를 증류, 저장, 숙성 과정을 거치면 증류주가 만들어진다. 이러한 과정을 거치는 대표적인 술은 와인과 브랜디이다. 와인은 포도를 발효시켜 조주한 양조주이며, 브랜디는 와인을 증류하여 조주한 증류주이다.

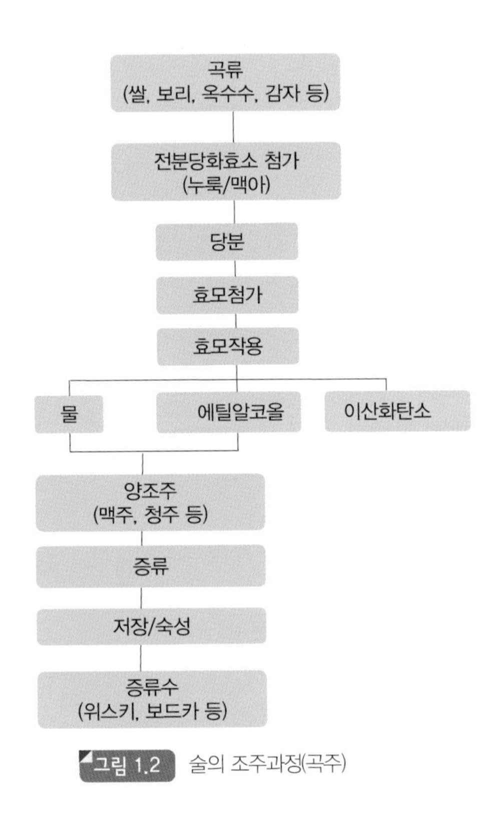

그림 1.2 술의 조주과정(곡주)

역사적으로 우리나라의 술은 쌀을 원료로 하는 곡류가 주를 이루며, 지역 또는 집안을 대표하는 술을 빚었다. 술을 빚는 과정은 여러 과정을 거친다.

우선 우리 조상들은 술을 빚기 전 몸과 마음을 정결히 하고 사용하는 그릇 또한 정갈히 하여 제사를 모셨다. 또한, 술을 익히는 그릇은 도기를 사용하였으며 약쑥의 연기에 도기를 소독한 후 사용하였다.

우리조상들의 술 빚기 두 번째 단계는 누룩딛기다. 누룩은 밀을 껍질째 물로 되게 반죽하여 틀에 담고 발로 밟아 디딘 후 바람이 잘 통하는 곳에 두어 곰팡이

와 효모를 앉혀 띄운다. 이러한 과정은 메주를 띄우는 방법과 유사하다.

세 번째 단계는 술의 원료를 만드는 단계다. 우리나라 술의 주원료는 쌀이었다. 쌀을 어떻게 사용하는가에 따라 술맛은 달라진다. 생쌀가루에 뜨거운 물을 부어 설익은 상태로 사용하는 방법이 있는가 하면 시루에서 쪄낸 밥을 쓰기도 하고 죽을 쑤어 만드는 방법 등 다양한 방법이 전해지고 있다.

네 번째 단계는 발효단계다. 술밥과 누룩이 준비되면 끓여 식힌 물과 술밥과 구슬크기로 부순 누룩을 혼합하여 술독에 넣는다. 술독은 덥지도 차지도 않는 곳에 두고 익힌다. 우리 조상들은 술의 발효과정을 "익힌다"라고 하였다. 술이 익기 시작하면 술독에서는 이산화탄소의 발생으로 고유한 소리가 난다. 이 소리가 사라지면 술이 완성된 것이다. 좀 더 고급의 술을 얻기 위해서는 익힌 뒤 다시 술밥과 누룩을 넣어 또다시 익힌다.

다섯 번째 단계는 술 떠내기다. 술을 익힌 항아리에는 찌꺼기와 술이 혼합되어 있는데 이 가운데 위에서부터 "용수"를 넣어 용수 틈새로 스며드는 술을 떠내면 청주 또는 약주가 된다.

여섯 번째 단계는 탁주 거르기이다. 용수를 넣어 청주를 떠내고 남은 찌꺼기에 물을 붓고 채로 밥알을 으깬 후 남은 찌꺼기를 제거하면 막걸리가 된다. 청주를 떠내지 않고 막걸리를 만들면 이를 "순탁주"라 한다.

❶ 용수
❷ 발효된 술항아리에서 깨끗한 청주를 얻기 위해 사용되는 도구
❸ 아래쪽은 안으로 손이 들어갈 수 있도록 오픈되어 있음

4. 술의 알코올 도수 표시

술의 알코올 함유량을 알코올 도수라고 말하는데 프랑스의 게이뤼삭(Gay Lussac)식 용량분율법에 따르면 알코올 도수는 섭씨 15도일 때 원용량 100분 중에 함유한 에틸알코올의 용량을 말한다. 즉, 안동소주의 알코올이 40도라면 술 100mL에 알코올이 40mL가 함유되어 있다는 것이다. 알코올 함유량의 표시는 각 나라와 술의 종류마다 조금씩 다르다.

일반적으로 널리 사용되는 알코올 함유량의 표시로는 프루프(proof)와 퍼센트(%)가 있다. 도는 %와 같은 의미이며 100분율과 같이 이해하면 된다, 즉, 20% 또는 20도는 100ml 중에 20ml의 에틸알코올이 포함되어 있음을 의미한다. 우리나라를 비롯해 이탈리아, 오스트리아, 러시아 등의 국가에서는 이와 같은 게이뤼삭식 용량분율법을 사용하고 있다. 미국식 표시인 proof는 도의 2배가 된다. 즉, 80proof는 40도이다. 이는 온도 60℉(15.6℃)의 물 0에 에틸알코올 200을 프루프로 계산한다.

도수 = 퍼센트(%)= $\frac{1}{2}$ 프루프 (proof)

제3절 와인의 역사

1. 와인의 이해

와인은 양조주에 속한다. 양조주는 발효주라고도 한다. 발효란 효모와 당이 만나 화학작용을 함으로써 알코올과 탄산가스를 생성하는 과정을 말한다. 이런 과정에서 만들어지는 양조주는 주로 3~14도 내외의 술이 완성된다. 양조주는 인류 역사상 가장 오래된 술이라 생각되어진다.

양조주에 가장 대표적인 술은 와인이다. 와인은 넓은 의미에서는 과실을 발효시켜 만든 알코올 함유 음료를 말하지만, 일반적으로 포도를 원료로 하여 발효시킨 포도주를 말한다. 우리나라에서는 과거 일부계층에서만 즐기다가 생활수준의 향상, 외국문물의 빠른 도입, 외국생활 경험이 많은 국민의 증가 등으로 인하여 대중화되고 있다. 특히 와인은 건강에 긍정적인 영향을 주는 것으로 알려져 웰빙과 함께 각광을 받고 있다. 와인으로 유명한 나라는 프랑스를 비롯하여 미국, 이태리, 스페인, 포르투갈 그리고 독일 등이 있다. 와인은 나라마다 명칭이 다르다. 미국은 와인(Wine), 프랑스는 벵(Vin), 이태리와 스페인은 비노(Vino), 독일은 바인(Wien), 포르투갈은 비뇨(Vinho)라고 한다.

와인은 그 역사와 비례하여 오래 전부터 와인을 양조해 온 유럽의 와인 생산국을 구세계라 칭하며, 후발 주자인 그 외의 생산국들을 신세계 와인 생산국이라 칭하고 있다. 유럽인들은 "와인 없는 식탁은 태양 없는 세상과 같다."라고 할 정도로 와인을 일상생활에서 필수적 요소라 생각했고, 플라톤은 "신이 우리에게 준 가장 아름다운 선물이 와인"이라고 하였다.

와인은 포도즙을 발효시켜 얻은 술로서 조주과정에 물을 전혀 사용하지 않는다. 따라서 와인의 품질에 많은 영향을 미치는 것이 포도품종이다. 포도품종은 그 지방의 기후, 토양 등에 영향을 받는다. 지구상의 포도품종은 8,000종 이상으로 알려져 있고, 이 중 와인을 조주하는 원료로 인기가 높은 것은 50여종에 불과하다. 조주용 포도(비티스 비니페라, Vitis Vinifera)는 일반적인 식용 포도(비티스 라브루스카, Vitis Labrusca)보다 껍질이 두껍고 당도가 높으며 포도알이 작다.

전술한 것과 마찬가지로 와인은 순수한 포도즙을 발효하여 조주한다. 일반적으로 와인 한 병(750ml)을 조주하는데 약 1kg 정도의 포도가 사용된다. 750ml의 와인에는 알코올과 수분 그리고 철분, 칼슘, 칼륨 등의 무기질의 포함되어 있다. 와인은 알칼리성 주류로서 소화가 잘 되고 이뇨작용이 있으며, 750ml의 한 병 안에 500kcal 이상의 열량을 가지고 있다.

2. 와인의 역사

1) 원시시대

언제부터 와인을 즐겼는지 알 수 있는 정확한 근거는 없다. 그러나 많은 학자들은 선사시대 조상들이 남긴 유적을 보고 시대적 상황 및 환경을 추측한다. 인류학자들은 라코스(Lascaux) 동굴벽화에 남겨진 포도그림이 3~4만년 전으로 추정하고 있다. 이 때의 인류는 포도열매를 생식하였을 것이고, 이후 먹지 못한 것이 건포도 형태로 변하면서 건포도를 즐기고, 다음으로 즙을 짜서 음료로 즐겼을 것으로 추정하고 있다. 이러한 과정에서 포도껍질에 있는 효모와 포도의 당분이 만나 자연 발효가 되어 이를 즐겼을 것으로 추론하고 있다.

고고학자들은 포도씨가 모여 있는 신석기시대 유물을 발견하면서 기원전 9천년경 포도를 이용한 술을 먹기 시작하였을 것으로 추론하고 있다. 그리고 기원전 8천년경 메소포타미아 유역의 그루지아(Georgia/현재 이라크와 시리아의 북동쪽 그리고 이란의 남서쪽)지역에서 압착기를 발견하였으며, 기원전 7천 5백년경 이집트와 메소포타미아에서 와인저장실의 흔적을 발견하였다. 이러한 근거로 봐서 와인은 오랜 시간을 인류의 역사와 같이 하였을 것으로 판단된다.

2) 고대시대

기원전 4천~3천 5백년경 와인을 담은 항아리가 발견되었고, 기원전 3천 5백년경 포도재배와 와인 제조법이 새겨진 이집트 벽화가 발견되었다. 이집트의 이 벽화는 포도의 수확부터 와인의 음용까지 전 과정을 묘사하고 있다.

기원전 3천년경 그리스인이 포도를 재배하기 시작했으며 포도재배는 지중해를 중심으로 퍼져 나갔고, 기원전 600년경에 프랑스로 전파되었다. 그리고 기원전 2천년경에는 바빌론의 함무라비법전에 와인의 상거래에 관한 내용이 발견되었다. 성경에는 노아가 대홍수 후 아라라트산에 정착하여 첫 농사를 지은 다음 와인을 조주하여 마시고 취했다는 기록이 있다.

와인 양조의 원재료인 포도의 경작은 그리스시대 발전하였으며 이후 로마시대에 부흥기를 맞이하였다. 그 이유는 로마는 군대(군인)가 마실 와인이 필요해 로

마의 식민지 지역, 특히 프랑스 및 유럽전역에 포도밭을 형성하게 하였기 때문이다. 이로 인하여 로마시대는 와인이 어느 정도 대중화가 이루어졌으며 포도재배 및 양조기술에 대한 사항을 상세히 기술하여 후세에 전하였다. 로마시대 선호했던 와인은 스위트와인이었다.

이집트는 기원전 3~4천년경 포도재배기술과 와인조주가 학문으로 발전하였으며, 이집트와 유사한 시기의 그리스는 와인생산의 전성기를 맞이하였다.

❶ 이집트왕 람세스의 무덤의 그림
❷ 기원전 천 3백년경
❸ 포도의 재배와 와인 양조에 관한 그림

3) 중세시대

중세시대의 와인기술은 수도원을 중심으로 보급되었으며 독일, 프랑스, 이태리 북부의 수도원에서 와인 생산이 활발히 이루어졌다. 중세의 와인은 안심하고 먹을 수 있는 식수의 부족으로 식생활의 주요 식품으로 자리 잡았으며, 무게감이 있는 와인을 선호하였다. 이 시기에 오늘날 유명한 프랑스의 와인 주요 생산지가 등장하게 된다.

4) 근대시대

16세기 신세계와인의 태동기이며 멕시코, 미국의 캘리포니아, 칠레 등에 포도밭이 조성되었다. 17세기는 풍부한 식수의 공급으로 와인이 생필품의 범주에서 벗어나 새로운 고객확보가 필요한 새로운 도전시대였다. 그리고 유리병, 코르크, 스크류 등 와인과 관련된 과학 기술이 발전하여 운반과 저장 등이 용이하게 되었다. 18세기는 와인 세계무역시장이 형성되고 확대되었으며 병과 코르크가 일반화되었다. 19세기는 신세계와인의 도약기로서 신세계와인의 품질이 향상되어 구세계와인과 견줄 수 있게 되었다. 이 시기에 필록세라(Phylloxera)로 인해 유럽의 포도밭이 황폐화되어 가짜와인이 성행하게 되었다. 이 상황에서 와이너리들은 진짜임을 증명하기 위하여 코르크에 각인을 새기는 현상이 나타났다.

5) 현대시대

20세기 와인의 산업혁명기라고 할 수 있을 정도로 와인과 관련된 과학기술이 발전하였다. 과학의 발전과 응용으로 발효과정의 통제가 용이하게 되었으며 포도수확의 기계화, 비가림 하우스, 비닐하우스 등 시설재배가 가능하게 되어 좀 더 좋은 포도와 와인이 생산되게 되었다. 이 시기의 와인 생산자들은 좀 더 많은 양의 와인을 생산하기 위하여 집중하였다.

현대에 와서는 농업기술과 교통수단의 발달로 생산량이 늘어나고 와인교역이 활발해짐에 따라 와인이 대중화되었으며 각 소비계층의 독특한 욕구를 충족시키기 위하여 다양한 형태의 와인이 출시되고 있다.

시대구분

- 원시시대 – 기원전 4천년경 수메르문명 탄생 이전
- 고대시대 – 수메르문명 탄생에서 476년 서로마제국 붕괴까지
- 중세시대 – 서로마제국 붕괴에서 1453년 동로마제국 멸망까지
- 근대시대 – 동로마제국 멸망에서 1914년 1차 세계대전 이전까지
- 현대시대 – 1차 세계대전 이후

제 2 장 와인의 분류

제1절 색에 의한 분류

1. 레드 와인(Red Wine)

레드 와인은 1차 발효 전에 압착을 하지 않고 껍질과 씨를 같이 발효하여 껍질의 색이 우러나와 붉은 색의 와인이 된다. 레드 와인은 껍질의 타닌이 우러나와 떫은 맛이 난다. 일반적으로 레드 와인은 상온(18~20도)에서 가장 맛을 잘 즐길 수 있다. 레드 와인은 타닌과 미네랄이 함유되어 있어 병안에서 일부 숙성(후발효)이 이루어진다.

2. 화이트 와인(White Wine)

화이트 와인은 1차 발효 전 압착을 통하여 포도 껍질과 씨를 제거한 후 발효과정에 들어가 껍질의 색과 타닌이 우러나지 않는다. 대부분 청포도로 화이트 와인을 만들지만 적포도로 만드는 경우도 있다. 타닌이 적어 맛이 순하고 상큼한 편이며 과일 향을 즐길 수 있다.

3. 로제 와인(Rose Wine)

로제 와인의 양조법에서 적포도를 원료로 통째 즙을 내어 만드는 것은 적포도의 양조법과 동일하나 일정기간 지나면 껍질을 제거하는 것이 레드 와인과의 차이점이다. 일정기간이 지나 껍질을 제거하기 때문에 레드 와인과 화이트 와인의 중간색인 분홍색을 지니게 된다. 또 한 가지 방법은 화이트 와인과 레드 와인을 혼합하여 로제 와인을 만드는 방법이 있다.

제2절 당분함량에 의한 분류

1. 드라이 와인(Dry Wine)

"Dry"란 당분이 함유되어 있지 않은 것을 의미하며, 드라이 와인은 당분이 완전히 발효되어서 당분이 함유되어 있지 않은 단맛이 없는 와인을 뜻한다.

2. 스위트 와인(Sweet Wine)

스위트와인은 완전히 발효되기 전 당분이 남아 있는 상태에서 발효를 정지시키거나 당분을 가미한 와인이다. 단맛이 함유되어 있는 와인은 식후주로 많이 애용되고 있다.

3. 미디엄 드라이 와인(Medium Dry Wine)

드미 드라이 와인(Demi Dry Wine) 또는 세미 드라이 와인(Semi Dry Wine)이라고도 칭하며 스위트 와인과 드라이 와인의 중간 맛의 와인이다.

제3절 용도에 따른 분류

1. 식전 와인(Appetizer Wine)

식전에 즐기는 와인은 식욕촉진을 위하여 마시는 와인이다. 신맛을 내는 와인이 주로 사용되며, 대표적인 에프리티프 와인으로는 드라이 셰리 와인, 브뤼 샴페인, 드라이 화이트 와인 등이 있다.

2. 테이블 와인(Table Wine)

테이블 와인은 식사 중에 음식과 같이 마시는 와인으로 메뉴와 밀접한 관계가 있다. 이 와인은 식사 중에 주 요리를 즐기면서 마시는 와인으로 대부분의 와인이 여기에 속한다. 일반적으로 레드 와인은 육고기 요리와 어울리고, 화이트 와인은 생선 요리와 잘 어울린다. 음식과 와인의 조화는 별도의 장에서 설명하고자 한다.

3. 식후 와인(Dessert Wine)

디저트 와인이라고 말하며 식후에 마시는 와인이다. 식후에 제공되는 케이크와 같은 디저트와 함께 즐기는 와인이다. 대표적인 디저트 와인으로는 스위트한 크림 셰리, 포트 와인, 귀부와인, 아이스와인 등이 있다.

제4절 저장년도에 따른 분류(숙성 기간)

1. 영 와인(Young Wine)

영 와인은 별도의 숙성 기간을 거치지 않고 발효과정이 끝나면 바로 병에 주입하여 판매하는 와인이다. 이 와인은 품질이 낮은 와인이며 주로 자국 내에서 판매된다. 영 와인은 숙성 기간을 거치지 않거나 아주 짧은 숙성 기간(6개월~1년)을 거친다. 와인의 향이 풍부하지 않아 영 와인을 즐길 때 유리 잔의 입구가 좁은 잔을 이용하여 와인의 향을 최대한 즐기면서 마신다. 또한, 영 와인은 2년 이내에 마시는 것이 좋다.

2. 에이지드 와인(Aged Wine)

에이지드 와인은 발효과정이 끝난 후 2~3년 정도, 병입 후 5년 정도 숙성시키고 병입 후 20년 이내 마시는 와인이다. 장기간의 숙성 기간을 거쳐 병에 주입되어 판매되는 와인이다. 이 와인은 품질이 우수한 와인이다.

3. 그레이트 와인(Great Wine)

그레이트 와인은 3~5년 이상 숙성, 병입 후 5~15년 정도 숙성을 거쳐 병입 후 30년 동안 마실 수 있는 와인이다. 이 와인은 최상급 와인이다.

제5절 탄산가스 유무에 따른 분류

1. 비발포성 와인(Still Wine, 스틸 와인)

스틸 와인이라고 불리는 비발포성 와인은 발효과정에서 발생하는 탄산가스를 완전히 제거하고 숙성해 병에 주입한 와인이 비발포성 와인이다. 비발포성 와인은 식사 중에 마시는 와인으로서 테이블 와인으로 많이 쓰인다. 일반적인 화이트, 레드, 그리고 로제 와인이 여기에 속한다.

2. 발포성 와인(Sparkling Wine, 스파클링 와인)

발포성 와인은 비발포성 와인을 병에 주입한 후 당분과 효모를 첨가하여 병 내부에서 2차 발효를 일으키게 하거나 발효가 완료되지 않은 와인을 병에 넣어 병 내부에서 발효를 시키는 방법, 탄산가스를 첨가하는 방법, 그리고 탱크에서 탄산가스를 날려보내지 않는 방법 등이 있다. 프랑스의 샴페인(Champagne), 이탈리아의 아스티 스푸만테(Asti-Spumante), 그리고 독일의 젝트(Sekt) 등이 대표적인 발포성 와인이다.

제6절 알코올 첨가유무에 따른 분류

1. 강화 와인(Fortified Wine, 포티파이드 와인)

주정 강화 와인은 와인을 만드는 중이나 후에 브랜디를 첨가하여 발효를 중지시켜 약간의 당분이 함유되어 있고, 알코올 도수를 높인 와인이다. 포트 와인, 셰리 와인, 그리고 마데이라 등이 대표적 주정 강화 와인이다.

2. 비강화 와인(Unfortified Wine, 언포티파이드 와인)

비강화 와인은 와인에 함유된 알코올이 다른 주정 배합을 통해 강화된 것이 아닌 순수 포도 당분을 발효시켜 알코올이 형성된 와인을 뜻한다. 일반적으로 대부분의 와인이 여기에 해당한다.

제7절 무게감에 따른 분류

"Body"는 와인이 입안에서 느껴지는 무게감을 일컫는 용어로, 무게감이란 질감이나 농도를 뜻한다. 이러한 무게는 와인이 함유하고 있는 타닌 또는 알코올 같은 특유한 성분으로 인해 입안에서 가볍게 혹은 무겁게 느껴진다.

1. 풀 바디(Full Bodied Wine)

와인이 함유하고 있는 타닌 또는 알코올 같은 특유한 성분으로 입안에서 무겁게 느껴지는 느낌을 '풀 바디'라고 한다.

2. 미디엄 바디(Medium Bodied Wine)

와인이 함유하고 있는 타닌 또는 알코올 같은 특유한 성분으로 입안에서 중간 정도의 무게감이 느껴지는 느낌을 '미디엄 바디'라고 한다.

3. 라이트 바디(Light Bodied Wine)

와인이 함유하고 있는 타닌 또는 알코올 같은 특유한 성분으로 입안에서 가볍게 느껴지는 느낌을 '라이트 바디'라고 한다.

제8절 기타 분류

1. 가향 와인(Flavored Wine, 플레이버드 와인)

혼성 와인이라고 부르기도 하며, 가향 와인은 리큐르와 같이 약초 또는 향초 등을 첨가하여 풍미의 변화를 가한 와인이다. 대표적인 가향 와인으로는 벌무스(Vermouth)와 두보넷(Dubonnet)이 있다.

제 3 장 포도품종의 이해

제1절 포도와 와인

포도의 품종은 약 8천 5백 여종이 있으며 이중 50~80종 정도가 와인 양조가 가능하고 그 중 50종 정도가 와인 양조에 적합한 품종이다. 포도는 용도에 따라 양조용[1], 생식용[2], 그리고 건포도용으로 나눈다. 평균적으로 한해 재배된 포도 중 81%는 양조용, 12%는 생식용이며, 7% 정도가 건포도용으로 활용된다. 우리나라는 생식 위주의 포도 생산으로 80% 이상이 생식용이고 유럽은 80% 이상이 양조용이다.

양조용 포도는 생식용에 비하여 포도알이 작고 촘촘하며 껍질이 두껍다. 그리고 천연 효모가 많이 함유되어 있다. 이 천연 효모는 포도에 함유되어 있는 당분을 알코올과 탄산가스로 분해하는 작용을 한다. 따라서 훌륭한 와인은 높은 당분과 많은 천연효모가 필수적이다. 와인은 포도에 별도의 첨가물을 가미하지 않고 양조하는 것이 특성이며 술 중에 유일하게 알칼리성 음료이다. 일반적으로 와인은 12~14%[3]의 알코올을 함유하고 있다. 와인 1병은 포도 약 1킬로그램으로 만들어지며 포도송이로는 약 4~5송이에 해당되며, 포도알로는 약 500~600개로 만들

1) 비티스 비니페라(Vitis vinifera)종이 대부분으로 세계적인 와인 생산국에서 생산하는 대부분의 포도품종(본서의 '제6절 포도품종'에서 다루고 있는 모든 포도품종들)이 이에 속한다.
2) 비티스 라부르스카(Vitis labrusca)종이 대부분으로 품질은 비티스 비니페라보다 못하지만 추위나 병충해에 강하다. 캠벨얼리, 콩코드, 델라웨어 등이 이에 속한다.
3) 지구 온난화로 인해 알코올 도수가 점차 높아지는 경향이 있다.

어진다.

와인 한 병은 일반적으로 6잔을 따를 수 있다. 와인을 숙성하는 오크통(225L 바리크 기준) 한 개에 담겨있는 와인의 양은 약 300병 정도이며 매그넘(와인병)은 150병을 담을 수 있다. 즉, 매그넘은 일반 와인병의 2배 크기의 와인병이며 임페리얼은 일반 와인병의 8배가 큰 와인병을 지칭한다.

포도송이는 과경과 과병 그리고 과립의 세 부분으로 구분된다. 과경은 포도송이를 구성하는 줄기를 일컫는 말이며 과병은 포도알맹이와 과경 사이의 짧은 가지를 말한다. 과립은 포도알맹이의 과실부분이며 여기에는 과피, 과육, 씨로 구성되어 있으며 와인양조의 원료가 된다. 그러나 일부 와인에서는 떫은 맛과 신맛을 위하여 과병을 과립과 같이 와인양조에 이용하기도 한다. 열매부분의 과피는 외부의 자극(이슬, 빗물, 수분증발)으로부터 포도알을 보호하고 수분 증발을 막아준다. 흑포도의 과피는 안토시안 색소가 포함되어 있어 이 색소로 인하여 검붉은 색을 낸다. 과육은 과즙을 내는 주원료이며 이는 와인의 풍미와 관련이 있다. 그리고 씨 안에는 타닌이 많이 들어 있다.

제2절 포도품종

세계 각지에서 생산되는 와인의 종류는 헤아릴 수 없이 많아 모든 와인을 시음해 보는 것은 실제로 불가능한 일이다. 그럼에도 불구하고 소믈리에는 고객에게 요리와 어울리는 와인을 추천해야 한다. 그렇다면 어떤 원리로 소믈리에는 와인을 선별하고 와인을 추천하는 것일까?

와인 애호가들이 소매점에서 와인을 구매할 때 레이블에 표시된 정보만으로 와인의 향, 맛, 바디 등의 특성을 가늠한다. 포도품종과 원산지를 알면 포도의 특성을 파악할 수 있기 때문이다. 특히, 와인의 원료인 포도품종은 와인의 특성을 추측하는 가장 중요한 정보가 된다.

1. 레드 와인 품종

1) 카베르네 쇼비뇽(Cabernet Sauvignon)

카베르네 쇼비뇽은 독일 지역을 제외한 전 세계 어디에서나 비교적 잘 적응하고 성장력이 강한 품종이다. 레드 와인의 황제라고 불리는 이 품종은 레드 와인을 양조하는 최고의 품종으로, 포도알이 작고 짙은 적갈색을 띤다. 두꺼운 껍질로 병충해에 강하고 수확기 비에도 강하며 풍부한 타닌이 함유되어 있다. 씨 대 과육의 비율이 높아[4] 훌륭한 레드 와인의 양조가 가능하다. 포도나무의 성숙이 늦은 만생종이며 영 와인(Young Wine)일 때는 거칠고, 떫은 맛이 강하지만 오크통 숙성을 통하여 부드러워진다. 즉, 장기 숙성을 통하여 활기찬 타닌이 만들어지므로 장기숙성이 가능한 품종이다. 그러나 장기숙성이 가능한 장점에도 불구하고 묵직함과 강렬함이 지나쳐 이를 순화시키기 위하여 메를로 등과 같은 포도품종과 블렌딩하는 경우가 있다.

4) 씨가 차지하는 비율이 높다는 것으로 이는 곧 와인에 많은 타닌이 포함될 것을 의미한다.

카베르네 쇼비뇽

레드 와인의 황제(남성적)
원산지 : 보르도
포도알이 작음
껍질이 두꺼움(풍부한 타닌)
씨 대 과육의 비율 높음
만생종
장기숙성 가능함
독일을 제외하고 어디서나 잘 자람

2) 메를로(Merlot)

메를로는 프랑스 보르도 지방이 원산지이며 카베르네 쇼비뇽보다 수분이 많고, 빨리 익고, 타닌과 산도가 적으며, 부드러운 맛이 특징이다. 때문에 프랑스 보르도에서는 카베르네 쇼비뇽의 강한 맛을 부드럽게 하기 위하여 메를로를 블렌딩하며, 미국, 칠레와 같은 신세계에서는 부드러운 맛을 살리기 위하여 메를로만으로 와인을 조주한다. 카베르네 쇼비뇽을 남성에 비유한다면 메를로는 여성에 비유할 수 있다. 포도송이는 알맹이가 크고 당도가 높으며 많이 열린다. 카베르네 쇼비뇽보다 더 추운 지방에서 잘 자란다. 메를로로 양조한 와인은 빨리 숙성되며 카베르네 쇼비뇽과 유사한 성격을 가진 와인을 양조할 수 있지만, 메를로로 양조한 와인은 카베르네 쇼비뇽으로 양조한 와인보다 부드럽다.

메를로

카베르네 쇼비뇽과 유사한 와인 양조(카베르네 쇼비뇽보다 여성적, 부드러움)
원산지 : 보르도
포도알이 큼
많이 열림
당도가 높음
조생종
빠른 숙성

3) 카베르네 프랑(Cabernet Franc)

카베르네 프랑은 프랑스 보르도가 원산지이며 보르도에서 블렌딩으로 가장 많이 사용하는 품종이다. 이 품종은 메를로보다 1주일 늦게 카베르네 쇼비뇽보다 1주일 일찍 익는 중생종이다. 색상이 짙고 타닌이 적당한 와인을 양조할 수 있다.

카베르네 프랑
보르도에서 블렌딩용으로 가장 많이 사용
블렌딩하면 풍부한 알코올 성분과 유연성 연출 가능
원산지 : 보르도
중생종
가볍고 부드러운 맛의 와인 양조 가능

4) 말벡(Malbec)

프랑스 보르도의 전통적 포도품종이다. 그러나 보르도에서 인기를 얻지 못하고, 프랑스 서남부의 카오르(Cahors)[5], 칠레, 아르헨티나, 남아프리카 공화국 등에서 널리 재배되고 있으며, 아르헨티나에서는 국가 대표 품종으로 가장 많이 재배되고 있다. 말벡은 일찍 익으며 풍부한 타닌, 낮은 산도, 그리고 강렬한 검붉은 빛을 띠는 것이 특징이다. 검은과일, 자두, 계피 등의 향이 특징적이며 주로 블렌딩용으로 사용된다.

말벡
아르헨티나의 대표품종(가장 많이 재배)
풍부한 타닌과 낮은 산도
원산지 : 보르도
조생종

5) 피노 누아(Pinot Noir)

부르고뉴(=버건디)지방의 대표품종이다. 피노 누아는 부르고뉴 와인의 대명사로서 보르도 와인을 남성에 비유한다면 부르고뉴 와인은 여성에 비유할 수 있다. 또한 이 품종으로 샴페인을 조주하기도 한다.

포도가 일찍 익는 조생종으로 껍질이 얇고 씨가 적어 부드러운 타닌의 미디엄

5) 카오르 지방에서는 오쎄르와(Auxerrois)라고 불린다.

바디 와인을 주로 만들어 낸다. 포도는 작은 포도알이 촘촘히 붙어 있어 솔방울과 유사하다 하여 피노라는 이름이 붙었다.

이 품종은 기후 변화에 민감하고 재배에 까다로운 품종이며 수확량의 조절이 잘 되어야 향과 질이 좋은 포도를 생산할 수 있다. 따뜻한 낮과 시원한 밤을 좋아하며 재배 환경에 따라 다양한 품질의 포도가 생산된다. 특히, 피노 누아는 세계 정상급 레드 와인을 만드는 품종으로 부르고뉴 와인의 명성을 널리 알린 품종이다. 부르고뉴 이외에 미국의 오리건과 캘리포니아, 뉴질랜드, 독일, 호주 남동부, 이탈리아 북부 등 몇몇 지역에서 제한적으로 생산된다.

영(young)한 피노 누아는 산딸기, 체리와 같은 붉은 과일류의 향이 나고, 숙성되면 낙엽향, 버섯향이 나는 것이 특징적이다.

피노 누아

부르고뉴 지방의 대표 품종
부르고뉴 와인의 명성을 탄생시킨 품종
샴페인을 조주하기도 함
껍질이 얇고 씨가 적어 부드러운 타닌
원산지 : 부르고뉴
조생종

6) 가메(Gamay)

프랑스 보졸레 지방의 주품종으로 보졸레 누보를 조주하는 품종이다. 산도가 강하고 타닌이 거의 없어 오랜 시간 숙성시키지 않고, 가볍게 마실 수 있는 와인을 생산하는 품종이다. 보졸레 누보 와인은 매년 11월 3째주 목요일 자정에 출시되는 와인으로 신맛을 기본으로 하는 상쾌한 맛의 레드 와인이다. 가메는 껍질이 얇고 자색을 띤 적색이다. 붉은 과일 향이 풍부한 와인을 생산해 낸다.

가메

보졸레 지방의 주품종
산도가 강하고 타닌이 거의 없음
오랜 시간 숙성시키지 않음
껍질이 얇음
신맛을 기본으로 하는 가벼운 와인(라이트 바디)
보졸레 누보를 조주(11월 3째주 목요일 자정 판매개시)

7) 시라(Syrah)

이 품종은 프랑스에서는 시라, 호주에서는 시라즈(Shiraz)로 불린다. 로마군에 의해 프랑스로 전파된 시라는 1832년 버스비가 호주에 전파하여 오늘날 호주의 대표품종으로 자리 잡았다. 시라는 포도알이 작고 껍질이 두꺼우며 색이 진하다. 또한 당분이 많이 함유되어 있어 알코올 함량이 높고 타닌이 풍부한 와인을 양조할 수 있다. 시라로 양조한 와인은 풀바디로 한국음식과 가장 잘 어울린다는 평가를 받고 있으며 카베르네 쇼비뇽과 많이 닮아 있으나 그 향에서 차이가 난다. 시라로 양조한 와인은 진하고 선명한 적보라빛 색을 가지며 풍부한 과일 향과 향신료향이 느껴진다.

시라
호주의 대표 품종
포도알이 작고 껍질이 두껍다.
당분 많이 함유
타닌이 풍부한 와인 양조
카베르네 쇼비뇽과 유사(향이 차이남)

8) 진판델(Zinfandel)

19세기 중반에 미국에 도입되어 현재 캘리포니아를 대표하는 품종으로 자리잡았다. 진판델은 검은색 과피와 굵은 포도알을 가지고 있으며 풍부한 타닌과 적당한 산도 그리고 높은 당분으로 알코올 함량이 높은 와인을 양조할 수 있다. 진판델은 생산량이 많으며 와인을 조주하면 딸기향이 풍부하며 가볍고 우아한 맛을 내는 품종이다. 당분 함량이 높아 알코올 함량이 많은 와인 또는 스위트한 와인을 조주할 수 있다. 진판델은 화이트 진판델로 널리 알려진 품종이다. 이 품종은 이탈리아의 프리미티보(primitivo)와 동일한 품종이다.

진판델
캘리포니아를 대표하는 품종
풍부한 타닌과 적당한 산도 그리고 높은 당분
셔터홈 화이트 진판델로 유명해짐(스턱현상)

셔터홈 화이트 진판델의 탄생

1869년에 엘 피날 와이너리에서 진판델 품종으로 로제 와인을 양조한 후 캘리포니아의 와이너리에서 진판델을 이용한 로제 와인이 많이 생산되었다. 1975년 Sutter Home's 와이너리에서 진판델 품종으로 와인을 양조하던 중 스턱현상(Stuck Fermentation: 당이 다 소모되기 전에 효모가 죽어버리는 현상)이 일어났다. 차마 버리지 못하고 있던 주인은 몇 주가 지나 버릴려고 맛을 보았는데 단맛이 감도는 분홍빛 와인은 지금까지의 와인과 전혀 다른 맛이었다. 주위 사람들에게 그 맛을 보이자 이 와인을 맛본 사람은 찬사를 아끼지 않았고 이를 상품화하게 되었다. 현재 4백만 상자 이상을 판매하는 유명한 와인으로 인정받게 되었다.

9) 산지오베제(Sangiovese)

이탈리아가 원산지이며 토스카나 지역에서 가장 많이 재배한다. 타닌이 적당하고 산도가 적당하여 부드러운 질감의 와인을 생산해 낸다. 토스카나에서 생산되는 키안티와인을 양조하는 품종이다. 산지오베제는 재배기간이 짧고, 빨리 숙성하는 조생종으로 재배하는 지역에 따라 다양한 특성의 레드 와인을 양조할 수 있다. 영한 산지오베제 와인에서는 딸기와 약간의 스파이스향이 나고, 오크통에 숙성했을 때 오크향과 타르향을 느낄 수 있다.

산지오베제

원산지 – 이탈리아
토스카나 지방의 키안티 와인의 원료
조생종
적당한 타닌과 산도

키안티 와인

키안티 와인의 본고장 토스카나(이탈리아 최대의 와인산지)
여러 종류의 포도를 블렌딩하여 양조하며, 주품종은 산지오베제
키안티와 키안티 클라시코 – 키안티 와인 중 가장 우수한 와인을 키안티 클라시코(수탉그림), 키안티 클라시코는 오크통 숙성 3년 이상 병숙성 3개월 이상

10) 네비올로(Nebbiolo)

이탈리아가 원산지이며, 북부 피에몬테 지방에서 주로 재배하고 이탈리아의 바롤로 와인을 만들어 내는 품종이다. 껍질이 두꺼워 타닌이 풍부하고 만생종이

다. 네비올로의 'nebbia(네비아)'는 이태리어로 'fog(안개)'를 의미하는데, 이는 네비올로가 수확되는 늦은 10월 네비올로 생산지로 유명한 랑게지역에 자욱하게 깔린 안개에서 유래된 이름이다. 카베르네 쇼비뇽의 특성과 비슷하여 이탈리아의 카베르네 쇼비뇽이라고 불린다. 재배조건이 까다로워 피에몬테 외 다른 지역에서는 좋은 와인의 양조가 어렵다.

네비올로

원산지 – 이탈리아
피에몬테 지방의 바롤로 와인을 만드는 품종
만생종
껍질이 두꺼워 풍부한 타닌 함유
이탈리아의 카베르네 쇼비뇽

바롤로와인

바롤로는 피에몬테 지방 이름
네비올로 품종으로 양조
이탈리아 와인의 왕으로 불림

11) 그르나슈(Grenache)

원산지가 스페인인 그르나슈는 가뭄에 잘 견딘다. 프랑스 남부 론지방, 스페인 북부[6], 캘리포니아, 호주 등지에서 잘 자란다. 그르나슈는 딸기잼과 같은 잘 익은 붉은 과일류의 향이 특징적이며 백후추와 절인햄의 향이 나기도 한다. 이 품종은 타닌, 산미, 그리고 색이 부족한 경향이 있어 주로 시라나 무르베드르 등을 블렌딩 한다.

그르나슈

원산지 – 스페인
가뭄에 잘 견딘다
다른 품종과 주로 블렌딩

6) 스페인 리오하에서는 '가르나차(Garnacha)'라고 부른다.

12) 템프라니요(Tempranillo)

스페인이 원산지로, 스페인의 리오하와 리베라 델 두에로에서 잘 재배된다. 이 품종으로 양조한 와인은 루비색을 띠며 잘 익은 붉은 과일 향, 타바코, 바닐라, 가죽, 그리고 허브향이 특징적이다. 당도와 산미가 부족하여 그르나슈(=가르나차), 카리냥[7], 그라시아노, 메를로, 카베르네 쇼비뇽 등을 주로 블렌딩 한다. 포르투갈에서는 틴타 호리스(Tinta Roriz)로 불리며 포트와인 생산에 중요한 포도품종이다.

템프라니요

원산지 – 스페인
루비색을 띠며 붉은 과일향이 풍부
포트와인의 주요 품종과 주로 블렌딩

나라별 레드 와인 포도품종

✲ 프랑스

카베르네 쇼비뇽 – 레드 와인의 황제
메를로 – 카베르네 쇼비뇽에 비해 타닌과 산도가 적어 부드러운 맛
카베르네 프랑 – 보르도에서 블렌딩용으로 가장 많이 사용
말벡 – 아르헨티나 대표 품종
피노누아 – 부르고뉴의 대표 품종
가메 – 보졸레 누보 양조

✲ 호주

시라 – 호주의 대표 품종

✲ 미국

진판델 – 캘리포니아를 대표하는 포도품종

✲ 이탈리아

산지오베제 – 이탈리아 원산지, 키안티 와인 양조
네비올로 – 이탈리아 원산지, 바롤로 와인 양조

✲ 스페인

그르나슈 – 스페인 원산지, 프랑스 남부 론의 주품종
템프라니요 – 스페인 원산지, 스페인 리오하와 리베라 델 두에로의 주품종

7) 스페인에서는 마주엘로(Mazuelo)로 불린다.

2. 화이트 와인 품종

1) 샤르도네(Chardonnay)

샤르도네는 부르고뉴 지방이 원산지이며 병충해에 강하고 어디서든 잘 자라 안정도와 수확량을 확보할 수 있는 품종이다. 가장 대표적인 화이트 와인을 조주하는 품종(화이트 와인의 대명사)으로 화이트 와인의 왕이라고 불린다. 부르고뉴 지방 화이트 와인의 대표적 품종으로 미국 캘리포니아 와인의 붐을 일으킨 주역이기도 하다. 황금빛이 도는 샤르도네는 당도가 높고 생산량이 많으며 조생종이다. 떼루아에 민감하지 않으나 기후에 따라 다양한 스타일의 와인을 양조할 수 있다. 서늘한 지역(ex. 샤블리)에서 수확된 샤르도네는 감귤, 사과, 배 등의 아로마를 함유한 산도 높은 와인이 양조 가능하고, 따뜻한 지역(ex. 호주의 애들레이드 힐스, 뉴질랜드의 말보로 등)에서 자란 샤르도네는 감귤 아로마가 강하며 멜론, 복숭아 등의 아로마도 함유하고 있다. 더운 지역(ex. 캘리포니아의 센트럴코스트 AVA)에서 수확된 샤르도네는 복숭아, 바나나, 파인애플, 망고 등의 열대과일의 아로마를 느낄 수 있다. 그리고 오크통 숙성을 하면 버터, 아몬드 등의 견과류 향이 나며, 2차발효(젖산발효)를 거친 와인은 산미가 더욱 부드러워지고 과일향과 함께 버터의 풍미와 헤이즐넛향을 느낄수 있다.

샤르도네

원산지 – 부르고뉴
병충해에 강함
어디서든 잘 자라 안정된 수확량
화이트 와인의 왕(화이트 와인의 대명사)
조생종
다양한 스타일의 와인이 생산되고 있음

2) 쇼비뇽 블랑(Sauvignon Blanc)

프랑스가 원산지인 쇼비뇽 블랑은 프랑스 보르도, 남서부, 르와르 지방에서 주로 재배하고 있고 뉴질랜드로 전파되면서 뉴질랜드의 대표 품종으로 자리 잡았다. 이 품종으로 조주한 와인은 샤르도네보다 더 가벼운 맛을 간직하며, 피망,

아스파라거스, 잔디밭, 라임, 키위 등의 풀이나 채소, 초록색 과일 등의 녹색계열에서 나는 아로마를 느낄 수 있다. 숙성하면 맛이 밋밋해져 영와인으로 즐기는 것이 좋다. 날카로운 산도를 지녀 식전주로 즐기는 것이 좋으며 여름에 마시기 좋은 와인이다. 산미와 특유의 매력을 살리기 위하여 오크통 숙성을 하지 않는다. 오크통 숙성을 하면 토스트, 바닐라, 카라멜 등의 부케가 함유되어 쇼비뇽 블랑의 매력을 잃어버리기 때문이다.

쇼비뇽 블랑

원산지 – 프랑스
뉴질랜드 대표품종
녹색계열의 풀, 채소, 과일에서 나는 아로마
날카로운 산미(식전주)
오크통 숙성하지 않음

3) 세미용(Sémillon)

프랑스 서남부지역이 원산지인 세미용은 포도껍질이 얇아서 귀부병이 발생하기 쉬운 품종이다. 프랑스에서 위니 블랑 다음으로 많이 재배되는 품종이다. 세미용은 산도가 낮고 향이 강하지 않아 단독으로 와인을 만드는 경우는 거의 없다. 이 품종은 주로 쇼비뇽 블랑과 블렌딩하여 화이트 와인을 생산한다. 프랑스 보르도에서는 세미용, 쇼비뇽 블랑, 그리고 뮈스카델 3가지 품종이 화이트 와인 품종으로 재배 허가를 받았다. 이 품종은 소테른에서 스위트와인 생산의 주요 품종으로 사용된다.

세미용

원산지 – 프랑스 서남부
껍질이 얇아 귀부병에 잘 걸림
프랑스에서 위니 블랑 다음으로 많이 재배하는 청포도
산도가 낮고 향이 강하지 않아 블렌딩용으로 사용

4) 리슬링(Riesling)

리슬링은 독일의 가장 대표적인 품종이다. 독일의 전 지역에서 재배되고 프랑

스에서는 알자스 지방에서 주로 재배된다. 포도알이 작고 늦게 익는 만생종으로 장기 숙성에 적합한 와인을 생산한다. 리슬링은 드라이한 와인에서부터 스위트한 맛과 산미가 강한 와인, 스파클링와인(독일의 젝트)까지 다양한 스타일의 와인이 생산된다. 서늘한 지역(ex. 독일)에서는 사과와 나무열매향이 특징적이며 특히, 이 품종으로 조주한 와인은 산도와 당도의 균형과 조화가 잘 이루어져 초보자가 마시기에 가장 적합한 와인이 된다. 닭고기와 야채와 잘 어울린다.

리슬링

독일의 가장 대표적 품종
포도알이 작고 만생종
산도와 당도가 균형이 잘 맞는 와인 양조

5) 트레비아노(Trebbiano) = 위니 블랑(Ugni Blanc)

이탈리아가 원산지인 이 품종은 이탈리아의 토스카나 지역의 대표적 품종이다. 위니 블랑이라고도 불리는 이 품종은 재배가 쉽고 생샨량이 많다. 이 품종으로 와인을 양조하면 산도가 높아 식전주로 사용되기도 한다. 이 품종으로 만든 와인은 상큼한 과일향이 특징적이지만 향의 여운이 그리 오래가지 못하는 단점이 있다.

1958년 프랑스 꼬냑과 아르마냑 지방에서 브랜디를 생산하기 위해 재배를 시작하여 현재 프랑스에서 가장 많이 재배하고 있는 청포도품종이다. 이탈리아에서는 트레비아노를 베이스로 블렌딩한 움브리아 지역의 '오르비에토(Orvieto)' 와인이 유명하다. 프랑스에서 이 품종은 대부분 브랜디를 생산하는데 사용되며, 이탈리아에서는 발사믹 식초를 만드는데 사용된다.

트레비아노(위니 블랑)

원신지 - 이탈리아
토스카나 지역의 대표 품종
재배가 쉽고 생산량이 많다.
식전주
프랑스 – 브랜디를 생산하는 품종
이탈리아 – 오르비에토 와인이 유명

위니 블랑과 꼬냑

❶ 위니블랑(Ugni Blanc) 품종의 화이트 와인을 증류하여 브랜디를 만듦
❷ 브랜디는 포도의 발효액을 증류하여 만든 알코올 40% 이상의 술로서 식후주임.
❸ 브랜디는 와인의 특성과 함께 오랜 기간의 오크통 숙성을 통하여 원숙한 향이 가미되어 술의 제왕이라고 불리기도 함
❹ 증류(2단계)를 통해서 독특한 향과 맛을 내는 오드비가 만들어지고, 수령 80년 이상의 오크로 만든 배럴에서 숙성 과정을 거침

오드비

❶ 원산지와 숙성 기간에 따라 다양한 특성을 가짐
❷ 꼬냑은 서로 다른 개성을 가진 오드비를 블렌딩해서 만듦
❸ 꼬냑의 맛과 향은 블렌딩에서 좌우됨
❹ 헤네시사의 경우 200년 동안 한 집안에서만 대를 이어 블렌딩을 담당하여 특유의 복합적인 향과 맛의 꼬냑을 생산함
❺ 브랜디 1L를 만들기 위해서는 약 9L의 와인이 필요
❻ 브랜디의 증류는 〈백조의 목〉이란 양파형의 구리로 만든 전통적인 단식증류기에서 두 번에 걸쳐 증류함
첫 번째 증류를 통해서 알코올 20~30%의 브뤼예를 만듦
브뤼예는 두 번째 증류과정을 거쳐 오드비가 추출되고 이를 적절히 블렌딩하여 브랜디로 태어남
이렇게 해서 오크(A자, 참나무통)에 넣어져 숙성창고에서 짧게는 수년에서 길게는 수십년을 숙성하면서 독특한 개성의 맛과 향이 함유
❼ 프랑스 꼬냑지방에서 증류한 브랜디를 꼬냑이라 하고 아르마냑 지방에서 증류한 브랜디를 아르마냑이라고 함

6) 머스캣(Muscat)

비스티 비니페라계의 머스캣과(科) 포도품종은 무려 200가지 이상이나 된다. 머스캣으로 만든 와인들은 대부분 스위트한 꽃향이 나는 것이 특징적이다. 머스캣으로 만드는 대표적인 와인으로는 이탈리아의 스파클링 와인인 '모스카토 다스티(Moscato d'Asti)'와 프랑스의 주정강화 와인인 '뱅 두 나투렐(Vin doux naturels)'이 있다.

머스캣은 포도, 오렌지, 장미 그리고 복숭아향이 특징적이며, 주정강화되고 오크숙성을 한 경우 커피, 과일케이크, 건포도, 캬라멜 등의 향이 난다.

7) 피노 블랑(Pinot Blanc)

이탈리아 북부에서는 피노 비앙코라고 부르기도 하는 피노 블랑은 샤르도네와

가장 유사하여 구분하기 어렵지만 샤르도네보다 향이 풍부하지 못한 특성을 가지고 있다.

피노 블랑은 푸른 회색 포도품종이며, 향이 유쾌하며 섬세하고 입안에서는 신선하고 부드러움을 간직하고 있어 스파클링 와인에 좋은 품종이다.

8) 피노 그리(Pinot Gris)

피노 누아의 변종으로 이탈리아에서는 피노 그리지오라고 한다. 프랑스 알자스 지방에서 고급 와인을 양조하는 품종으로 처음에는 복숭아, 자두 향미 등을 지니며, 힘차며, 때로는 단맛을 내기도 한다.

9) 슈냉 블랑(Chenin Blanc)

프랑스 루아르 지방에서 가장 많이 재배하며 껍질이 얇고 산도가 높으며 당분이 높다. 이 품종으로 와인을 양조하면 색이 투명에 가깝고 신선하고 매력적인 부드러움을 갖는다. 포도가 빨리 익는 조생종으로 산도가 높아 식전주로 사용한다.

제3절 떼루아(Le Terroir)

1. 떼루아란?

특정 포도밭의 자연적 환경으로 여기에는 지형, 기후, 토양 등이 포함된다. 떼루아는 토양을 의미하는 불어로서 와인학에서는 이를 확대하여 포도재배에 영향을 미치는 자연적 환경 전반을 떼루아라 한다.

떼루아는 포도의 품질에 지대한 영향을 미치며 포도의 품질은 와인의 품질에 영향을 미치므로 떼루아는 와인의 품질과 깊은 관련이 있다. 와인의 품질에 영향을 미치는 요소들은 떼루아 이외에도 포도재배 기술 및 양조기술이 있으나 떼루아가 가장 기본이 된다. 김치를 담글 때 기본적으로 배추가 맛있어야 하는 것과 마찬가지이다.

2. 떼루아의 구성요소

떼루아를 구성하는 요소는 일조시간, 강수량, 온도 그리고 토양이 있다.

1) 일조시간

햇볕을 통하여 광합성이 이루어지고 이를 통하여 당분을 생성하므로 포도의 성장에 있어서 일조시간은 매우 중요하다. 일조시간이 부족하면 타닌과 안토시안이 감소하여 와인의 품질을 저하시킨다. 일조시간이 너무 길면 포도의 산을 감소시키므로 이 또한 와인의 품질을 저하시키므로 적당한 일조시간이 필요하다. 햇볕은 꽃이 피기 20일 전부터 포도열매가 성장하는 과정에 많은 영향을 준다. 일조시간은 1,250~1,500시간이 적당하다. 북반구에서는 남쪽 경사면에 포도밭을 형성하는 이유는 일조시간과 관련되어 있으며 남쪽 경사면의 포도밭은 일조시간이 길어 와인의 맛을 풍성하게 하고 강이나 바다에 인접해 있는 포도밭은 일조량이 많고 습도가 높아 좋은 품질의 포도가 생산된다.

일조시간이 충분한 온난한 지역에서는 색과 당도가 모두 진한 포도가 자랄 수 있어 품질 좋은 레드 와인을 생산할 수 있고, 일조시간이 짧고 추운 지역은 포도의 착색이 좋지 않아 우수한 레드 와인을 만들기 어렵다. 그러나 이러한 날씨는 포도의 산미를 풍성하게 하기 때문에 화이트 와인을 생산하기에 적합하다. 유럽 지역에서 상대적으로 북쪽에 위치한 독일이 화이트 와인으로 유명한 이유도 여기서 찾아볼 수 있다.

2) 강수량

포도나무의 수분은 사람의 혈액과 같아서 성장에 필요한 다양한 양분을 적재적소에 공급하는 역할을 한다. 또한 포도열매의 80%가 수분으로 구성되어 있어 수분은 포도의 성장에 필수적 요소이다. 이러한 수분은 강수량에 의존하는데 포

도재배에 적당한 강수량은 연간 500~800mm이다. 성장기에 많은 강수량은 수확량을 증가시키지만 포도열매의 당분을 감소시키며, 나무만 잘 자라 좋은 열매는 수확하기 어렵다. 강수량이 적으면 포도의 품질은 좋아지나 수확량이 적어진다. 그리고 수확기에 많은 비는 포도열매를 부패시키기도 한다.

3) 온도

품질 좋은 포도를 수확하기 성장기에 섭씨 25~30도의 낮 온도가 유지되어야 하고, 수확 시기 이전의 약 1개월간 맑고 건조한 날씨가 유지되어야 한다. 연평균 기온으로 표시하면 섭씨 10~20도가 적당하다. 이러한 기후를 고려해 보았을 때 북방 30~50도, 남방 20~40도에 위치하는 것이 적당하다. 그러나 포도가 자라는 기후는 온도뿐만 아니라 습도도 영향을 받고 북방 30~50도, 남방 20~40도에 위치해 있다하더라도 기후가 상이하여 지방마다 특색있는 포도가 생산된다. 프랑스에서 비교적 북쪽에 위치한 샹파뉴(Champagne) 지방은 습도가 높아 포도가 잘 익지 않는 해도 있고 비교적 남쪽에 위치한 남부론(South Rhone) 지방은 고온과 강수량의 부족으로 포도가 잘 익는 반면, 산도가 떨어지기도 한다. 그리고 포도나무는 성장기뿐만 아니라 휴면기의 온도도 중요하다. 휴면기에는 포도나무가 충분히 휴식을 취할 수 있을 정도로 서늘해야 한다

4) 토양

포도나무는 토양에서 영양분과 물을 공급받아 자란다. 일반적으로 식물은 비옥한 토양에서 품질이 우수한 열매가 생산되는 것으로 인식하고 있으나 비옥한 토양에서 자란 포도열매는 성장이 왕성하고 열매가 너무 많아 양조용 포도로 적당하지 않다. 따라서 와인을 양조하기 위한 포도를 생산하기 위해서는 척박한 땅일수록 좋다. 양조용 포도생산에 좋은 토양은 모래, 자갈, 진흙, 석회질 그리고 규토질로 구성된 토양인데, 이러한 토양은 아로마가 강한 와인을 만들 수 있다. 즉, 척박한 토양은 품질이 우수한 와인을 조금 생산하고 비옥한 토양에서는 보통 품질의 와인이 많이 생산된다.

전술한 떼루아를 근거로 포도재배가 적합한 지리학적 위치를 살펴보면 다음과 같다.

적합한 환경	우리나라 환경
(1) 위치 : 북방 30~50도, 남방 20~40도 (2) 일조시간 : 1,250~1,500시간 (3) 강수량 : 500~800mm (4) 온도 : 평균 섭씨 10~20도 (5) 토양 : 물이 잘 빠지는 토양	(1) 위치 : 북방 33~43도 (2) 일조시간 : 1,195시간 (3) 강수량 : 1,245mm (4) 온도 : 평균 섭씨 13.7도

상기의 조건과 비교하여 우리나라의 포도재배 환경을 살펴보면 일조시간이 적은 편(약 1,200시간)이며 강수량은 많은 편(약 1,200mm)이다. 이러한 환경을 극복하기 위하여 우리나라 포도 생산지는 비가림 하우스를 설치하고 배수시설을 확충하였다.

3. 포도나무의 성장주기

포도의 년간 끊임없이 관리하여야 하며 성장의 단계 및 주기에 따라 적절한 관리가 필요하다. 성장주기는 포도원 또는 기후에 따라 다르지만 우리나라를 기준으로 살펴보면 휴식기, 양수기, 발아기, 개화기, 성장기, 수확기, 낙엽기 등의 주기를 거친다.

1) 휴식기

12월, 1월, 2월은 포도나무의 휴식기이다. 이 시기에는 포도나무가 자라지 않으며 가지치기, 가지정리, 밭갈이 등의 작업을 통하여 포도나무가 잘 자랄 수 있는 환경을 조성하는 시기이다. 가지치기는 발아의 숫자를 제한하기 위하여 실시되며 일반적으로 가지 1~2개를 남기고 이 가지에 눈 몇 개만 남기고 짧게 자른다. 이것은 품질이 우수한 포도를 생산하기 위하여 하나의 나무에서 영글게 되는 포도송이를 제한하기 위한 방법이다.

2) 양수기

3월은 양수기로 포도나무가 토양의 물을 흡수하기 시작하는 시기로 포도나무가 성장을 시작하는 시기이다. 이 시기에는 성장에 필요한 갖가지 비료를 주며 넝쿨기르기를 한다. 이 시기에는 가지치기 끝으로 수액이 올라와 맺힌다.

3) 발아기

양수기에 이어 4월은 발아기이다. 이 시기에는 새순이 돋기 시작하며 제초를 하며 포도나무 쪽으로 흙을 모아 토양이 숨을 쉬게 하는 작업을 한다. 평균기온이 섭씨 10도 이상을 유지하면 발아가 시작된다.

4) 전엽기

5월은 전엽기로 잎들이 자라는 시기이다. 이 시기는 포도나무가 바이러스나 박테리아로 인하여 병에 걸리지 않도록 농약을 살포하여야 한다.

5) 개화기

꽃이 피기 시작하는 때가 개화기이다(6월). 개화는 10일 정도 진행되며 이 시기에는 포도넝쿨을 선별하여 필요없는 넝쿨을 제거하는 작업을 한다. 이 시기는 수정되는 시기로 일조량과 빛의 강도가 매우 중요한 시기이다. 이 시기의 비는 포도 수확량을 감소시킨다.

6) 성장기

7월과 8월은 성장기로 포도나무의 성장이 왕성한 시기이다. 이 시기는 필요 없는 가지를 선별하여 가지치기를 하고 포도열매를 선별하고 솎아주기를 한다. 그리고 포도송이 주변의 잎들을 제거하여 일조량을 늘려 착색과 당분의 함량을 높인다. 포도의 성숙은 40~90일 정도 진행된다.

7) 수확기

9월과 10월은 수확기로 9월부터는 송이별로 익은 상태를 살펴 수확을 시작한다. 이 시기는 타닌, 색소, 아로마의 함량이 증가하는 단계로 수확시기를 잘 결정해야 한다. 10월 부터는 본격적인 수확이 시작되며 포도 잎이 변색되기 시작한다. 이 시기는 와인의 품질을 결정하는 중요한 시기로 수확의 시기를 결정하는 것이 매우 중요하다. 수확시기는 당도가 최고조에 달했을 때 산도가 너무 많이 감소하기 전에 수확하여야 한다. 즉, 너무 일찍 수확하면 당도는 떨어지고 산도가 높아 와인이 신맛을 갖게 되고, 너무 늦게 수확하면 아로마향과 산도가 부족하여 향이 없는 와인이 된다.

8) 낙엽기

이 시기는 11월로 포도나무 잎들이 떨어진다. 이 시기는 흙으로 나무 그루터기를 덮어주어 겨울의 동해를 방지해야 한다. 또한 겨울의 기온에 따라 나무 자체를 흙으로 덮어 동해를 예방하기도 한다.

구분	성장사이클	포도재배
1월	휴식기	가지치기/가지정리/밭갈이
2월	휴식기	가지치기/가지정리/밭갈이
3월	양수기	덩굴 기르기
4월	발아기	제초
5월	전엽기	농약살포/제초
6월	개화기	넝쿨제거
7월	성장기	열매선별 솎아내기, 가지치기
8월	성장기	열매선별 솎아내기, 가지치기, 송이주변 잎제거
9월	수확기	선별 수확
10월	수확기	본격적 수확
11월	낙엽기	
12월	휴식기	
비고	추운 지방의 휴식기는 포도나무를 서리로부터 보호하기 위하여 포도나무를 흙으로 덮어준다.	

제 4 장 와인의 양조

제1절 와인양조 기초

와인은 100% 포도를 주원료로 조주된다. 포도를 으깨어 즙 또는 주스형태로 만들고 여기에 포함되어 있는 당분이 포도껍질에 있는 천연효모(표피에 붙은 흰색 물질)와 만나 화학작용을 하여 가음성 알코올과 탄산가스로 변화하는데 이 과정이 끝나면 침전물을 걸러내고 15도 정도의 온도를 유지하는 지하창고에서 숙성시키면 와인이 된다. 물론 이러한 과정은 와인 생산자의 결정에 따라 조금씩 차이가 있고 이러한 차이가 와인의 품질을 결정하기도 한다.

제2절 와인의 양조과정

와인의 양조과정은 화이트 와인과 레드 와인이 다소 차이가 있다. 일반적으로 화이트 와인은 청포도로 양조하고 레드 와인과 로제 와인은 흑포도로 양조하는 것으로 알려져 있으나 반드시 그러한 것은 아니다. 때로는 흑포도로 화이트 와인을 양조하기도 한다.

1. 화이트 와인 양조과정

1) 수확

와인의 품질은 70%가 포도밭에서 결정된다. 따라서 포도의 재배는 물론 포도의 수확시기에 의해 와인의 품질이 결정되기도 한다. 너무 일찍 수확하면 당도가 떨어지며 수확시기가 늦으면 산도가 떨어진다. 따라서 와이너리의 운영자는 포도의 수확시기를 잘 결정해야 한다.

2) 파쇄 및 압착

수확한 포도는 산화를 방지하기 위하여 빠른 시간 내에 양조장으로 옮겨진다. 양조장에 도착한 포도는 송이채로 파쇄기에 넣고 으깬다. 이 단계에서 화이트 와인과 레드 와인은 각기 다른 과정을 밟게 된다.

화이트 와인은 포도를 파쇄한 후 압착을 한다. 즉, 파쇄된 포도를 압착기에 넣고 포도즙을 분리하는 것이다. 반면 레드 와인은 포도를 살짝 으깬 후 포도껍질, 씨, 그리고 포도즙 모두를 양조통에 넣어 발효시키며 1차 발효가 끝난 후 압착한다.

3) 여과

압착이 끝난 포도즙은 침전물을 분리하는 여과 과정을 거친다. 이 과정은 중력을 이용하여 포도즙에 아직도 남아있는 껍질, 과육, 씨 등의 침전물을 낮은 온도에서 약 25시간 안정화시켜 분리한다.

4) 1차 발효

화이트 와인은 적당한 온도(10~17도)를 유지하면 발효가 진행된다. 1주일 정도에 발효가 절정에 이르고 약 4주간 발효를 시킨다. 이 과정에서 와인의 특성이 형성되며 특별한 향이나 맛을 내기 위하여 효모를 첨가하기도 한다. 이 과정은 포도 속에 들어 있던 효모가 온도가 높아지면서 활발하게 활동하여 포도당을 분해하여 알코올과 탄산가스를 생성하는 과정이다.

5) 2차 발효 (선택적)

이 과정은 와인의 중후한 맛과 향을 부여하기 위한 것이다. 1차 발효가 끝난 와인을 여과하여 뚜껑이 있는 통에 넣는다. 이 과정에는 공기와의 접촉을 막아야 하므로 와인을 통에 가득 담는 것이 좋다. 이 과정에서는 박테리아에 의해 와인 속의 특정 산이 제거된다. 즉, 사과산이 버터향을 머금은 부드러운 유산으로 변형된다.

화이트 와인의 2차 발효(유산발효=젖산발효)는 선택적이며 레드 와인처럼 일반적으로 거치는 과정은 아니다.

6) 재여과

2차 발효를 마친 와인을 발효통에서 꺼내어 여과한다. 제거되지 않은 미세한 불순문은 와인을 탁하게 만들기 때문에 청정제(계란 흰자, 벤토나이트, 젤라틴 등)를 넣어 불순물과 결합하여 가라앉게 만든다.

7) 저장 및 숙성

재여과가 끝난 와인은 오크통 또는 스테인리스 탱크에 1~2년간 보관되면 완만한 성장을 통해 우수한 와인이 탄생한다. 오크통에 저장된 와인은 타닌 성분이 부드러워지고, 특유한 향을 함유하게 된다. 그러나 화이트 와인은 신선한 맛을 내기 위하여 오크통을 사용하지 않는 경우가 있다.

8) 3차 여과

여과는 와이너리에 따라 1차, 2차, 3차 등 세 번의 여과과정을 한 번 또는 두 번만하는 경우도 있다. 효모와 당분의 발효과정은 일반적으로 2~3주 소요되며 발효과정을 마친 어린 와인(영와인)은 지하 저장실에서 숙성된다. 저장과정에서 여러 성분들이 반응하며 이 과정에서 특유의 색과 향을 함유하기도 하고 여러 성분들의 화학작용을 통하여 침전물이 발생한다. 침전물이 발생하면서 와인의 색은 더욱 맑아지며 병입하기 전 침전물을 완전히 제거하기 위하여 3차 여과 과정을 거친다.

9) 병입

전술한 과정을 모두 거친 와인은 병에 옮겨져 상품화된다. 와인은 병입 후 코르크를 통하여 숨을 쉬면서 숙성을 계속한다. 연중 15도를 유지하는 일정한 장소에 와인을 보관하면 숙성이 잘 이루어져 와인의 맛이 더욱 훌륭하게 변한다.

2. 레드 와인 양조과정

1) 수확

와인의 품질은 70%가 포도밭에서 결정된다. 따라서 포도의 재배는 물론 포도의 수확시기 또한 와인의 품질이 결정된다. 너무 일찍 수확하면 당도가 떨어지며 수확시기가 늦으면 산도가 떨어진다. 따라서 와인메이커는 포도의 수확시기를 잘 결정해야 한다.

2) 파쇄 및 제경

수확한 포도는 산화를 방지하기 위하여 빠른 시간 내에 양조장으로 옮겨진다. 양조장에 도착한 포도는 송이채로 파쇄기에 넣고 으깬다. 이 단계에서 화이트 와인과 레드 와인은 각기 다른 과정을 밟게 된다.

레드 와인은 포도를 살짝 으깬 후 포도껍질, 씨 그리고 포도즙 모두를 양조탱크에 넣어 발효시키며 발효가 끝난 후 압착한다. 그러나 화이트 와인은 포도를 파쇄한 후 바로 압착한다. 즉, 파쇄된 포도를 압착기에 넣고 포도즙을 분리하는

것이다.

이 과정에서 레드 와인은 제경과정을 거친다. 제경은 포도를 파쇄하기 전 포도 줄기를 제거하는 작업이다.

3) 1차 발효 및 침용

파쇄 작업을 마친 포도는 껍질, 씨, 과즙 모두를 넣어 발효 과정(약 4~7일)을 거친다. 이때 발효통에 산화방지와 살균을 위해 아황산 가스를 첨가한다. 1차 발효를 위해서는 효모의 역할이 중요한데, 포도에 붙어있는 효모나 공기중의 효모와 같이 자연발생한 효모를 이용하거나 양질의 효모를 첨가하기도 한다. 이러한 효모는 포도즙의 당분을 분해해 알코올과 탄산가스를 생성하는 역할을 한다. 이를 1차 발효 또는 알코올발효라고 한다.

발효기간이 길수록 타닌이 많아진다. 그러나 타닌이 많으면 떫은 맛이 많이 나 반드시 발효 기간을 길게 하는 것이 좋은 것은 아니다. 레드 와인은 껍질을 제거하지 않고 발효하기 때문에 껍질 색이 우러나오는 것이다. 이렇게 발효하는 동안이나 발효후에 포도즙과 껍질을 접촉시키는 과정은 침용(Maceration)이라고 한다. 레드 와인은 약 20일 정도 실시한다. 로제 와인은 1~2일 정도 발효하다가 색이 우러나기 시작하면 바로 압착하여 껍질을 걷어내어 아름다운 색이 나오게 된다.

4) 압착 및 2차 발효

1차 발효가 끝난 거친 와인을 압착하여 고형물을 분리하여 찌꺼기를 제거하고 2차 발효를 진행시킨다. 2차 발효는 유산발효 또는 젖산발효라고도 불리며 사과산이 박테리아와 만나 젖산으로 변하면서 와인의 맛이 부드러워지고 향이 변하여 세련된 와인의 맛과 향으로 재탄생하게 된다.

5) 숙성

발효가 끝난 와인은 효모의 냄새와 탄산가스 등의 영향으로 향과 맛이 거칠어 음용이 불가능하다. 때문에 오크통 또는 스테인리스 탱크에서 숙성 과정을 거친다. 이 숙성 기간은 포도품종에 따라 달라지는데 그 이유는 타닌이 풍부할수록 오랫동안 보관할 수 있으나 타닌이 적으면 쉽게 변질될 수 있기 때문이다.

6) 정제

효모와 당분의 발효 과정은 일반적으로 2~3주 소요되며 발효 과정을 마친 어린 와인(영와인)은 지하 저장실에서 숙성된다. 저장 과정에서 여러 성분들이 반응하며 이 과정에서 특유의 색과 향을 함유하기도 하고 여러 성분들의 화학작용을 통하여 침전물이 발생한다. 침전물이 발생하면서 와인의 색은 더욱 맑아지며 병입하기 전 침전물을 완전히 제거하기 위하여 정제 과정을 거친다. 과거에는 계란 흰자를 오크통에 넣어 불순물을 제거했으나 오늘날에는 젤라틴, 알부민, 카세인, 벤토나이트 등의 화학물질을 사용한다. 정제 작업은 온도가 낮을수록 효과적이어서 겨울에 하는 것이 좋다.

7) 병입

전술한 과정을 모두 거친 와인은 병에 옮겨져 상품화된다. 와인은 병입 후 코르크를 통하여 숨을 쉬면서 숙성을 계속한다. 연중 8~14도를 유지하는 일정한 장소에 와인을 보관하면 숙성이 잘 이루어져 와인의 맛이 더욱 훌륭하게 변한다.

제3절 와인숙성

1. 와인숙성의 필요성

발효가 끝난 와인은 풍미와 균형이 잡히지 않고 거친 맛을 함유하고 있어 오크통 또는 스테인리스 탱크로 옮겨 숙성을 해 균형잡힌 맛과 향을 갖추어야 한다. 일반적으로 숙성은 지하창고에서 이루어지는데 이는 적정온도를 연중 유지하기 위해서이다. 지하창고를 까브(Cave)라고 한다. 숙성 과정에서 와인에 남아 있는 탄산가스와 효모 냄새가 제거되고 와인은 좀 더 투명한 색으로 변한다. 숙성을 오크통에서 시키느냐 또는 스테인리스 탱크에서 시키느냐는 와이너리의 결정에 달려있으나 일반적으로 화이트 와인의 신선한 맛을 살리기 위하여 스테인리스 탱크에서 숙성하는 경향이 있다. 와인을 숙성하는 지하창고는 8~14도가 이상적인 온도이며, 온도의 변화는 와인의 숙성에 치명적이다. 그리고 와인은 외부 공기와 접촉을 절대적으로 막아야 한다. 이러한 와인의 숙성 과정 관리를 통하여 와인은 좀 더 맑아지고 균형잡힌 맛과 향을 함유하게 된다. 숙성 기간은 브랜드에 따라 다르지만 일반적으로 레드 와인은 1년 반에서 2년, 화이트 와인은 6개월에서 1년 정도 숙성시킨다.

2. 오크통과 스테인리스 탱크

와인 숙성은 일반적으로 오크통과 스테인리스 탱크를 사용한다. 화이트 와인은 신선한 맛과 향을 유지하기 위하여 스테인리스 탱크를 주로 이용하고, 레드 와인은 오크의 풍미와 힘을 부여하고 와인의 질감을 부드럽게 하기 위하여 오크통 숙성을 한다. 오크통은 숙성 기간에 일정한 양의 산소가 와인에 제공되어 와인이 숨을 쉴 수 있게 하고 이 과정에서 와인에 함유된 타닌이 부드러워지고 균형잡힌 맛과 향을 겸비하게 된다.

오크통

오크통은 프랑스의 옛 선조인 골(Gaul)족이 최초로 사용하였으며 이를 로마인이 와인 운반과 보관에 이용하면서 와인과 가장 밀접한 관계를 가지게 되었다. 와인을 숙성하는 나무로 만든 통을 오크통이라 한다. 오크통은 프랑스 리무진의 오크통을 선호하고 가장 많이 사용되는 오크통은 화이트 오크통이다. 그 이유는 나무결이 와인과 공기의 접촉을 서서히 이루어지게 도와주고 적당한 타닌을 함유하고 있으며 향이 좋기 때문이다. 구세계는 오크통을 사용하는 경우가 많지만 신세계에서는 스테인리스 탱크 안에 오크나무 조각을 넣어 숙성시키기도 한다.

3. 병 숙성

와인을 설명할 때 '살아 숨쉰다'라고 한다. 이는 유리병 속에서 와인이 점진적으로 소량의 공기를 흡수하면서 숙성해간다는 의미이다. 따라서 술 중에 유일하게 와인은 병입 후 숙성을 한다. 이러한 숙성 과정을 통하여 포도에서 얻은 아로마는 줄어들고 부케가 생겨나고 부드러운 맛과 향을 함유하게 된다. 숙성 기간은 포도의 생산년도, 품종 등에 따라 차이가 있으며 오랜 숙성 기간이 반드시 좋은 것은 아니다. 일반적으로 타닌이 풍부한 와인은 오랜 기간 숙성이 가능하고 타닌이 적은 와인은 장기간 숙성이 불가능하다. 즉, 보졸레 누보와인의 경우 장기간 숙성하면 와인의 품질이 떨어지므로 구매 후 바로 마시는 것이 좋다. 그리고 화이트 와인의 경우 장기간 보관하여도 맛의 품질 향상에 도움이 되지 않는다.

코르크

코르크나무는 참나무 계통의 나무로 이 나무의 껍질을 벗겨 와인병 마개로 사용한다. 코르크나무 껍질을 와인병 마개로 사용하는 이유는 첫째, 수축성이 좋고 둘째, 통기성이 좋고 셋째, 가볍고 넷째, 탄력이 뛰어나며 다섯째, 압착이 가능하기 때문이다. 이러한 코르크는 최소한의 공기를 공급하여 와인의 숙성에 도움이 된다. 현대에는 인공적으로 만든 코르크를 사용하는 경우가 많으나 오랜 기간 보관해야 하는 와인은 천연코르크를 사용하는 것이 좋다.

코르크의 기원에 대해서는 두 가지 주장이 있다.

첫째, 프랑스 샹파뉴의 수도사인 동페리뇽(Dom Perignon)이 처음 사용했다는 주장과 둘째, 17세기 포르투갈 포트에서 처음 사용했다는 주장이 있다.

유리병

17세기 과학의 발전으로 유리병 코르크, 스크류 등의 발견으로 와인산업은 새로운 도약기를 맞이하였다.

제4절 와인 저장

와인은 환기가 잘되고 빛이 차단되고 연중 8~14도를 유지하는 지하 창고가 최적의 장소이다. 보관하는 곳의 온도가 일정하지 않으면 와인이 변질되기 쉽다. 와인은 입구의 코르크가 건조되지 않도록 뉘어서 보관해야 한다. 그 이유는 코르크가 건조되면 와인이 외부의 공기와 접촉하여 산화될 우려가 있다.

와인을 가장 좋은 환경에서 저장하려면 다음과 같은 조건을 갖추어야 한다.

1. 일정한 온도

와인을 저장하기 위해서는 일정한 온도가 유지되어야 한다. 온도의 변화는 와인의 생명에 치명적인 영향을 준다. 와인의 적당한 저장온도는 8~14도로 오래 보관할 와인은 연중 8~14도를 유지하는 것이 좋다.

2. 적당한 습도

습도는 와인의 레이블과 코르크에 영향을 미친다. 습도가 높으면 와인 레이블과 코르크에 곰팡이가 피어 와인의 상품성이 감소하고 너무 낮으면 코르크가 건조해져 공기가 와인에 유입될 수 있으므로 70~75%의 습도를 유지하는 것이 좋다.

3. 무진동

와인이 진동하면 화학반응을 촉진하고, 숙성을 방해할 수 있으므로 진동이 없는 곳에 보관하여야 한다. 도심의 경우 지하철 인근 지하 또는 저장고의 인근에 엘리베이터 또는 지하 기계실 등이 있는 곳은 피하는 것이 좋다.

4. 햇빛이 들지 않는 곳

와인이 빛에 노출되면 노화 촉진현상이 일어나고 단백질이 응고되면서 탁해진다. 때문에 저장고는 어두운 것이 좋다.

마시다 남은 와인의 보관

와인은 오픈한 후 일정시간이 경과하기 전에 다 마시는 것이 좋다. 그 이유는 와인은 오픈하고 공기와 만나면서 음용하기 좋은 최상의 상태로 변화해 가지만 시간이 조금 지나면 품질이 저하되기 때문이다. 물론 공기를 차단하여 그 상태를 유지할 수 있으나 코르크가 손상되어 원래의 기능을 발휘하기가 그리 쉬운 일은 아니다. 따라서 와인은 오픈 즉시 다 마시는 것이 좋고 남은 와인은 코르크를 잘 밀어 넣어 하루 이틀 내에 마시는 것이 좋다. 이틀 정도가 지난 와인은 음용하는 것이 아니라 요리용으로 쓰는 것이 좋다.

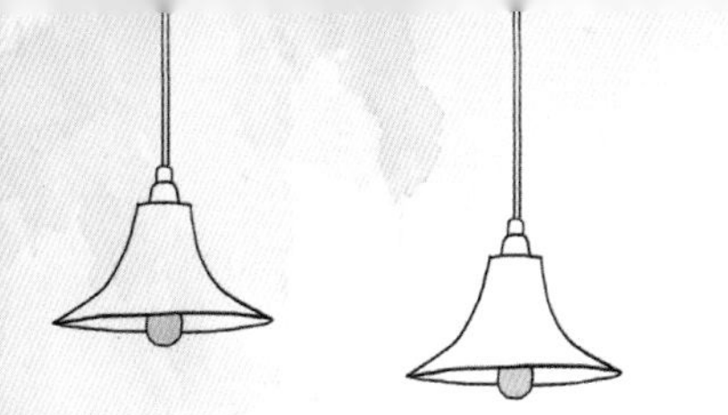

제 2 부
국가별 와인

제 1 장 프랑스 와인

제1절 프랑스 와인의 개요

프랑스는 와인 생산량이 세계 1위로, 많은 양의 와인을 생산할 뿐만 아니라 질적으로도 우수한 와인을 생산해 내는 와인 강국이다.

포도재배지역은 11개의 산지로 나누어져 있으며, 그 중 보르도와 부르고뉴 지역은 세계 최고급 와인을 생산하는 지역으로 유명하다. 또한 샹파뉴 지역에서는 스파클링 와인 중 단연 으뜸이라고 할 수 있는 샴페인이 생산된다.

프랑스는 전체 인구의 10%가 와인산업에 종사할 만큼 와인산업이 발달되어 있다. 와인을 생산하기에 적합한 자연적 환경은 물론이고 뛰어난 포도재배기술과 양조기술을 보유하여 다른 와인 생산 국가들의 본보기가 되고 있는 세계 최고의 와인 생산 국가이다.

제2절 프랑스 와인의 역사

프랑스 와인은 그리스인들에 의해 생산되기 시작하였다. 그리스인들은 암포라

(Amphora)라는 용기에 와인을 저장하여 운송하였다. 1세기경에는 론계곡으로 전파되었고 2세기부터 4세기까지 부르고뉴, 보졸레, 보르도, 샹파뉴 등으로 퍼져나가면서 프랑스 와인이 발전해 나갔다.

1152년 아끼뗀느(Aquitaine)[1]공국의 공작 딸인 알리에노르가 앙리 플랑타즈네와 결혼하였고, 2년 후 앙리는 영국 왕으로 즉위하면서 보르도 와인이 영국에 활발히 수출되기 시작했다.

1395년 부르고뉴 필립공작은 피노 누아를 보호하기 위해 부르고뉴 지역에서의 가메 품종 재배를 금지시켰다.

1668년 샹파뉴의 동 페리뇽는 오빌레 수도원의 와인 제조책임자로 일하던 중 발포성 와인의 원리를 최초로 발견하였다.

1864년 가르(Gard) 지방에서 필록세라가 출현하면서 전 지역으로 확산되어 전체 포도밭의 약 80%가 황폐화되었다. 이 때문에 원산지를 속이는 가짜 와인의 유통이 확산되면서 프랑스는 와인의 명성과 가격 회복을 위해 1935년 AOC(원산지통제명칭)제도를 시행하였다. 이후 프랑스는 세계 최고의 와인을 생산해 내는 와인 강국으로 자리매김하게 되었다. 그러나 현재 신세계 와인들의 급부상으로 치열한 경쟁이 불가피한 실정이다. 따라서 프랑스는 이를 극복하기 위해 다양한 노력을 시도하고 있다.

제3절 프랑스 와인의 특징

프랑스 와인은 세계에서 인정하는 최고의 와인들을 많이 생산하고 있다. 프랑스 와인은 전 세계 와인생산 국가들의 와인산업의 모델이 되는 국가이다.

프랑스 와인의 특징으로는 첫째, 프랑스 와인은 국가차원의 철저한 품질관리를 시행하고 있다. 1935년 AOC법 제도를 시행하면서 포도의 품종, 수확량, 최저 알코올 도수 등을 철저히 관리하고 있다. 이를 통해 전 세계 소비자들은 프랑스

1) 보르도 지방의 옛 이름

와인 품질에 대한 강한 신뢰감을 가지게 되었으며, 이를 통해 질적 성장 역시 이루었다.

둘째, 프랑스 와인은 다양한 종류의 와인을 생산하고 있으며, 지역별 와인의 특징이 분명하다. 프랑스 와인 산지는 각각의 지역마다 형성된 떼루아의 특성이 다르므로 지역 별 생산되는 와인 역시 그 특징이 뚜렷하다. 예를 들어 보르도 와인과 부르고뉴 와인을 비교했을 때 보르도 레드 와인은 카베르네 쇼비뇽을 기본으로 다양한 품종들을 블렌딩하여 복합적인 향과 맛을 내는 와인을 생산한다. 반면 부르고뉴 레드 와인은 피노 누아 품종만으로 우아하고 섬세한 와인을 생산해 낸다.

셋째, 세계적으로 유명한 고급와인의 대부분을 생산하고 있다.

최근 이탈리아의 슈퍼 투스칸 와인이나 미국의 컬트 와인과 같이 훌륭한 고급 와인들이 많이 생산되고 있지만, 세계 와인시장에서 유통되고 있는 고급와인의 절반 이상이 보르도와 부르고뉴에서 생산된다.

제4절 프랑스 와인의 품질체계

1. AOC(Appellation d'Origine Contrôlée, 원산지 통제명칭) 등급 체계

프랑스 와인법은 AOC 제도로서 국가가 와인산지를 법적으로 보증하는 제도이다. 이는 〈그림 2.1〉과 같이 네 가지 품질 등급으로 분류된다.

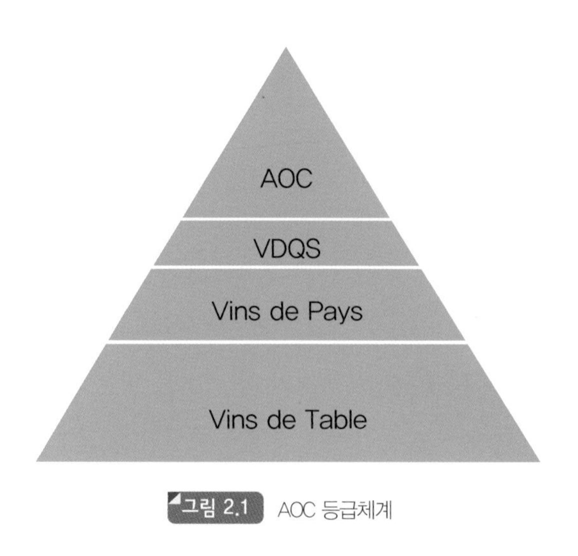

그림 2.1 AOC 등급체계

1) AOC(Appellation d'Origine Contrôlée, 원산지 통제명칭 와인)

최고 등급 와인으로 프랑스 국내 원산지명칭위원회(INAO)가 규정을 만들고 농림부령으로 공인된 생산 조건을 만족시키는 와인이다. 분석시험과 시음검사에 합격한 와인은 INAO로부터 'AOC 인가 증명서'를 발부 받는다.

주요 규제 내용으로는 생산지역, 포도품종, 최저 알코올 함유량, 1헥타르당 최대수확량, 재배방법, 전정방법, 양조방법 등이다.

❖ 상표 표기법

포도재배 원산지 명칭을 Appellation d'Origine Contrôlée의 d'Origine에 기입한다.

예를 들어 보르도 지역에서 생산된 포도로 만든 와인은 'Appellation Bordeaux Contrôlée'로 표기된다.

d'Origine에 표기되는 생산지의 범위가 세분화되고 좁아질수록 고급와인으로 인정된다.

2) VDQS(Vin Delimites de Qualite Superieure, 우수 품질 제한 와인)

이 와인은 AOC 와인보다 지명도가 낮은 포도산지에서 생산되며 AOC로 가기 전단계의 등급이다. 포도재배 통제 및 포도품종에 있어서는 AOC 규정보다 덜

엄격하나 그 외에는 AOC와 같은 규정을 지켜야 한다. VDQS는 프랑스 전역의 1~2% 정도만이 이 법에 따라 와인을 양조하므로 법 자체가 유명무실하게 되었다.

3) VdP(Vins de Pays, 지방명칭 와인)

VdT와인 중에서 품질이 조금 더 우수한 와인을 선정하여 산지를 명시할 수 있도록 한 와인이다. 이 등급의 와인은 지정된 포도품종만을 사용하고 한정된 지역에서 생산된 포도로 만들어야 한다. 그러나 포도품종을 강제하지 않고 새로운 시도를 통해 창의적인 와인 생산을 장려하고 있는 추세이다. 랑그독 루시용 지역은 이 등급의 와인을 생산하는 최대 생산지로 최근 VdP 등급의 훌륭한 와인들이 많이 생산되고 있다.

4) VdT(Vins de Table, 일상 소비용 와인)

일상 소비용 와인으로 특별한 규제가 없이 자유롭게 생산이 가능하다.

레이블에 생산지역, 포도품종, 빈티지를 표기하지 않아도 되며 생산량 제한도 없다. 그러나 보당을 하는 것은 금지되어 있어 알코올 도수가 낮은 와인들을 많이 생산하고 있다.

2. AOP(Appellation d'Origine Protégée) 등급 체계

이 등급체계는 프랑스 와인 생산 환경의 변화와 와인품질 향상을 위해 2009년부터 시행하도록 되어 있다. 이 법은 프랑스 와인법이 아닌 EU법이다.

1) AOP(Appellation d'Origine Protégée, 원산지 통제명칭 와인)

기존의 AOC에서 생산조건이 더욱 강화되었다. 와인 보관에 있어 최적의 상태를 보장하기 위해 와인저장소의 최저 규모를 준수해야만 한다. 그리고 로제 와인과 화이트 와인의 경우 알코올 발효 온도 관리를 위한 냉각조절 장치가 탱크에 꼭 있어야만 한다. 뿐만 아니라 와이너리를 무작위로 선정하여 방문한 뒤 심사하기도 한다. 심사 과정 중 문제가 발생할 시엔 AOP를 박탈하기도 한다. 이러한 품질심사 및 감독은 모두 유료이며 와이너리가 직접 부담해야 한다.

2) IGP(Indication Géographique Protégée)

이 등급의 와인은 넓은 범위의 생산지역을 표기하며 포도 생산지구의 이사회 규정에 따라 생산되어야만 한다. 생산조건은 강화되었다. 15%의 다른 빈티지 와인을 블렌딩할 수 있다.

3) Sans Indication Géographique(Without IG)

신세계 와인 시장과의 경쟁을 위해 규정들의 제한에서 자유롭게 와인을 생산할 수 있다. 수확량, 포도품종, 재배법 등이 제한이 없으며 오크칩 사용, 포도품종 및 빈티지 표시가 허용되며 15%의 다른 품종 또는 빈티지 와인의 블렌딩 역시 허용되고 있다. 레이블에는 'Product of France' 또는 'VCE(Vin de la Communaut Europenne)'로 표기해야 한다.

제5절 프랑스 와인산지

프랑스 와인 지도

1. 보르도(Bordeaux)

보르도 지역은 123,000헥타르가 넘는 AOC 포도원이 있으며, 이는 프랑스 AOC 와인 생산의 25%를 차지한다. 보르도는 프랑스의 남서부 대서양의 연안에 위치해 있으며, 대부분의 와인산지들이 내륙의 작은 강들 근처에 분포되어 있어 많은 강의 혜택을 받으며 포도를 생산하고 있다.

보르도의 다양한 떼루아가 형성되어 있어 특색있는 다양한 스타일의 와인을 생산해 낸다. 도르도뉴강과 가론강 사이의 내륙지역 그리고 지롱드의 좌안과 우안에 형성된 떼루아는 각기 다르며 재배되는 포도품종 역시 다르다.

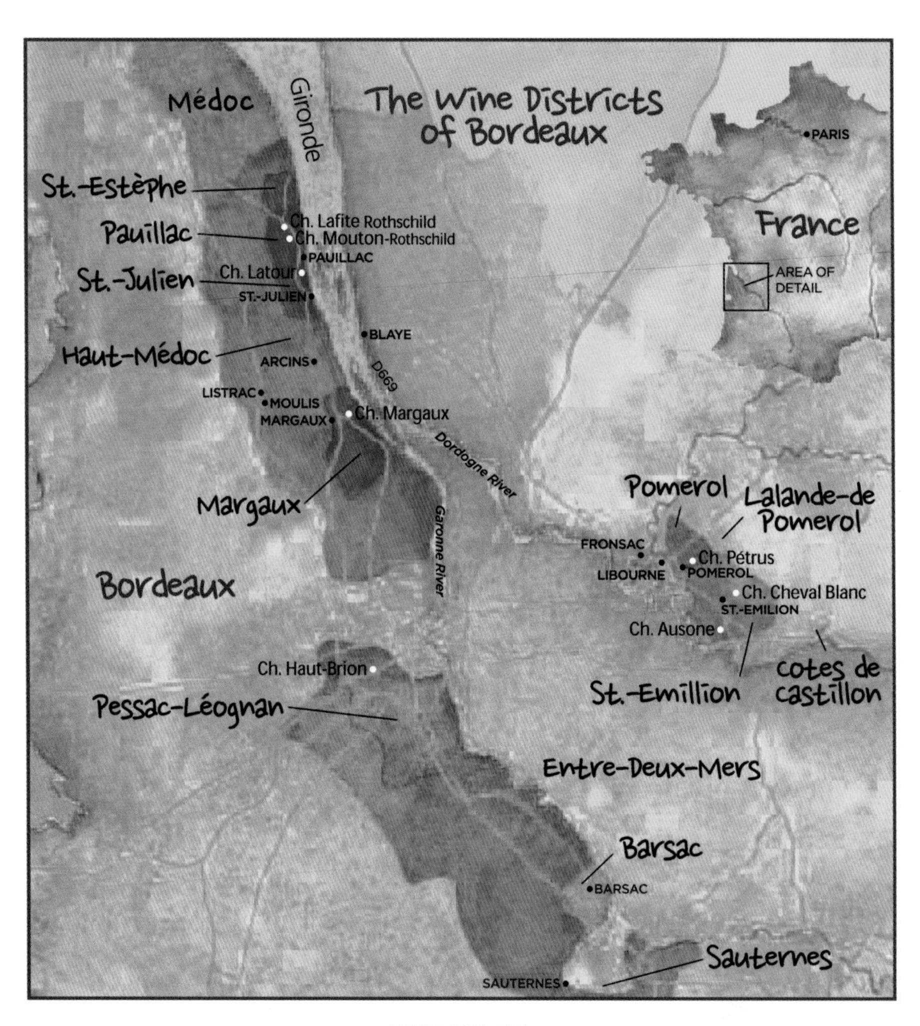

보르도 와인 산지

보르도의 세부적인 와인산지로는 메독(Médoc), 그라브(Graves), 소테른과 바르삭(Sauterne & Barsac), 생테밀리옹(Saint-Émilion)과 생테밀리옹 주변 마을(Saint-Émilion Satelite), 포므롤(Pomerol), 프롱삭(Fronsac), 카농 프롱삭(Canon Fronsac), 프리미에르 코트 드 블라이(Premiére Côtes de Blaye), 코트 드 부르(Côtes de Broug), 엉트르 드 메르(Entre-Deux-Mers), 프리미에르 코트 드 보르도(Première Cotes de Bordeaux), 생 크로와 뒤 몽(Sainte-Croix-du-Mont) 등으로 구성되어 있다.

보르도 와인은 복합적인 풍미를 얻기 위해 두 가지 이상의 품종을 블렌딩한다. 보르도 와인 양조에서 블렌딩은 매우 중요하며, 이는 단순히 풍미를 향상시키기 위한 것만은 아니다. 보르도에 비와 서리가 많이 내리기 때문에 여러 가지 품종을 함께 심어 전부 피해를 볼 위험을 최소화하기 위해서이다.

오랜 경험을 통해 쌓아온 섬세한 블렌딩 기술로 보르도는 블렌딩 와인만이 낼 수 있는 향과 부케를 지닌 와인을 생산해 낼 수 있었다.

1) 보르도 와인 등급체계

보르도 와인 등급은 1855년 세계 만국박람회에 와인을 출품시키는 과정 중 탄생하게 되었다. 프랑스 정부는 보르도 상공회의소에 와인 출품을 의뢰하게 된다. 출품을 의뢰받은 보르도 상공회의소는 와인의 등급을 매겨 출품해야 하는데 어려움을 느끼고 와인 유통업자와 조합에 등급 결정을 요청하게 된다. 이때 등급 결정에 참여한 지역이 메독, 소테른, 바르삭이었다.

이 때 출품된 와인들은 그랑크뤼(Grand Cru) 와인으로 분류되어 다시 1등급에서 5등급으로 분류하게 된다.

샤토 무통 로칠드(Château Mouton Rothschild)

"First I am, Second I was, Mouton does not change"
2등이었던 시기는 지났다. 무통은 영원히 일등이다!

1973년 보르도 메독지역의 2등급 와인 '샤토 무통 로칠드'는 1등급으로 승격하는 기쁨을 맛보게 된다. 보르도의 와인 등급이 생긴 이래 118년의 기다림 끝에 1등급으로 격상되었으며, 등급이 변화한 유일한 와인이다.

(1) 그랑 크뤼 클라세(Grand Cru Classe)

메독에 위치한 61개 샤토와 소테른, 바르삭 지역의 등급을 정했다.

① 1등급(프리미에르 크뤼, Premiers Cru) : 5개

- Château Lafite-Rothschild, Pauillac(샤토 라피트 로칠드, 포이약)

- Château Latour, Pauillac(샤토 라투르, 포이약)

- Château Mouton Rothschild, Pauillac(샤토 무통 로칠드, 포이약)

- Château Margaux, Margaux(샤토 마고, 마고)

- Château Haut-Brion, Graves(샤토 오브리옹, 그라브)

② 2등급(두지엠 크뤼, Deuxièmes Crus) : 14개

- Château Brane-Cantenac, Cantenac-Margaux(샤토 브란 캉트냑, 캉트냑 마고)
- Château Cos-d'Estournel, Saint-Estèphe(샤토 꼬스 데스투르넬, 생테스테프)
- Château Ducru-Beaucaillou, Saint-Julien(샤토 두크루 보카이유, 생줄리앙)
- Château Durfort-Viviens, Margaux(샤토 듀포르 비방, 마고)
- Château Gruaud-Larose, Saint-Julien(샤토 그뤼오 라로즈, 생줄리앙)
- Château Lascombes, Margaux(샤토 라스콩브, 마고)
- Château Léoville-Barton, Saint-Julien(샤토 레오빌 바르통, 생줄리앙)
- Château Léoville-Las-Cases, Saint-Julien(샤토 레오빌 라스 까스, 생줄리앙)
- Château Léoville-Poyferré, Saint-Julien(샤토 레오빌 푸아페레, 생줄리앙)
- Château Montrose, Saint-Estéphe(샤토 몽로즈, 생테스테프)
- Château Pichon-Lalande, Pauillac(샤토 피숑 라랑드, 포이약)
- Château Pichon-Longueville Baron, Pauillac(샤토 피숑 롱그빌 바롱, 포이약)
- Château Rausan-Ségla, Margaux(샤토 로장 세글라, 마고)

- Château Rauzan-Gassies, Margaux(샤토 로장 가씨, 마고)

③ 3등급(트르와지엠 크뤼, Troisiemes Crus) : 14개

- Château Boyd-Cantenac, Cantenac-Margaux(샤토 부아드 캉트냑, 캉트냑 마고)
- Château Calon-Ségur, Saint-Estéphe(샤토 칼롱 세귀르, 생테스테프)
- Chateau Cantenac-Brown, Cantenac-Margaux(샤토 캉트냑 브라운, 캉트냑 마고)
- Château Desmirail, Margaux(샤토 데스미라이, 마고)
- Château Ferriére, Margaux(샤토 페리에르, 마고)
- Château Giscours, Labarde-Margaux(샤토 지스꾸르, 라바르드 마고)
- Château d'Issan, Cantenac-Margaux(샤토 디상, 캉트냑 마고)
- Château Kirwan, Cantenac-Margaux(샤토 끼르완, 캉트냑 마고)
- Château Lagrange, Saint-Julien(샤토 라그랑쥬, 생쥴리앙)
- Château La Lagune, Ludon-Haut Médoc(샤토 라 라귄느, 루동 오메독)
- Château Langoa-Barton, Saint-Julien(샤토 랑고아 바르통, 생쥴리앙)
- Château Malescot-Saint-Exupéry, Margaux(샤토 말레스코 생텍쥐페리, 마고)
- Château Marquis d'Alesme-Becker, Margaux(샤토 마르뀌스 달렘므 베케르, 마고)
- Château Palmer, Cantenac-Margaux(샤토 팔메르, 캉트냑 마고)

④ 4등급(카트리엠 크뤼, Quatriemes) : 10개

- Château Beychevelle, Saint-Julien(샤토 베이슈벨, 생쥴리앙)
- Château Branaire-Ducru, Saint-Julien(샤토 브라네르 뒤크뤼, 생쥴리앙)
- Château Duhart-Milon-Rothschild, Pauillac(샤토 두아르 밀롱 로칠드, 포이약)
- Château La Tour-Carnet, Saint-Laurent(샤토 라 투르 카르네, 생로랑)
- Château Lafon-Rochet, Saint-Estèphe(샤토 라퐁 로쉐, 생테스테프)
- Château Marquis-de-Terme, Margaux(샤토 마르뀌스 드 테름느, 마고)
- Château Pouget, Cantenac-Margaux(샤토 푸제, 캉트냑 마고)
- Château Prieuré-Lichine, Cantenac-Margaux(샤토 프리외레 리쉰느, 캉트냑 마고)
- Château Saint-Pierre, Saint-Julien(샤토 생 페레, 생쥴리앙)
- Château Talbot, Saint-Julien(샤토 탈보, 생쥴리앙)

▲ 샤토 라퐁 로쉐

⑤ 5등급(셍퀴엠 크뤼, Cinquiemes Crus) : 18개

- Château Batailley, Pauillac(샤토 바타이, 포이약)
- Château Belgrave, Saint-Laurent(샤토 벨그라브, 생로랑)
- Château Camensac, Saint-Laurent(샤토 카마삭, 생로랑)
- Château Cantermerle, Macau-Haut Médoc(샤토 캉트메를르, 마카우 오 메독)
- Château Clerc-Milon, Pauillac(샤토 크레르 밀롱, 포이약)
- Château Cos-Labory, Saint-Estèphe(샤토 코스 라보리, 생테스테프)
- Château Croizet-Bages, Pauillac(샤토 크로와제 바쥬, 포이약)
- Château Dauzac, Labarde-Margaux(샤토 도작, 라바르드 마고)
- Château Grand-Puy-Ducasse, Pauillac(샤토 그랑 푸이 뒤카스, 포이약)
- Château Grand-Puy-Lacoste, Pauillac(샤토 그랑 푸이 라코스테, 포이약)
- Château Haut-Bages-Libéral, Pauillac(샤토 오 바쥬 리베랄, 포이약)
- Château Haut-Batailley, Pauillac(샤토 오 바타이, 포이약)
- Château Lynch-Bages, Pauillac(샤토 린치 바쥬, 포이약)
- Château Lynch-Moussas, Pauillac(샤토 린치 부사, 포이약)
- Château d'Armailhac, Pauillac(샤토 다르마이약, 포이약)
- Château Pédesclaux, Pauillac(샤토 페데스클로, 포이약)

- Château Pontet-Carnet, Pauillac(샤토 퐁테 카네, 포이약)
- Château du Tertre, Arsac-Margaux(샤토 두 테르트르, 아르삭 마고)

▲ 샤토 도작

▲ 샤토 오 바따이에

(2) 크뤼 부르주아(Cru Bourgeois)

크뤼 부르주아는 메독 와인의 49%인 419여개가 포함되어 있으며, 세 등급(크뤼 부르주아 엡셉시오넬, 쉬페리외르, 부르주아)으로 나눠져 있었으나 현재 유럽연합의 규정에서 크뤼 부르주아 용어만을 허용하고 있다.[2)]

▲ 크뤼 부르주아 와인

2) 보르도 포도품종

보르도는 14개의 품종이 법적으로 승인되어 있으나 실제 사용되는 품종은 다음과 같다.

2) 출처 : www.sopexa.co.kr

(1) 레드 품종

- 카베르네 쇼비뇽(Cabernet Sauvignon)
- 메를로(Merlot)
- 카베르네 프랑(Cabernet Franc)
- 말벡(Malbec)
- 쁘띠 베르도(Petit Verdot)

(2) 화이트 품종

- 쇼비뇽 블랑(Sauvignon Blanc)
- 세미용(Semillon)
- 뮈스카델(Muscadelle)

3) 보르도 와인산지

보르도 지역에는 60여개의 AOC 와인이 있으며, 지리적인 위치와 특징을 기준으로 4개의 레드 와인 그룹과 2개의 화이트 와인 그룹으로 나눌 수 있다.

(1) 메독(Médoc)과 그라브(Graves)

가론강과 지롱드강의 좌안에 위치한 메독과 그라브의 토양에는 자갈이 많이 함유되어 있으며, 모래와 석회질 토양이 낮에는 열을 빨리 흡수하고 밤에는 흡수한 열을 방출하여 큰 기온차를 극복한다. 또한 대서양과 두 강 사이에 위치한 이 지역은 대서양의 영향으로 온화한 기후를 띠며, 소나무 숲은 바닷바람으로부터 바람막이 역할을 해준다.

이 지역의 와인은 카베르네 쇼비뇽을 주종으로 메를로, 카베르네 프랑, 말벡 등을 블렌딩하여 복합적인 향과 힘을 가진 장기 숙성용 와인들을 생산해 낸다.

메독의 경우 강 상류의 고도가 높은 오메독(Haut-Médoc)과 강 하류의 고도가 낮은 바메독(Bar-Médoc) 지역으로 구분되며, 오메독은 우수한 품질의 레드 와인 생산지로 알려져 있다. 특히 오메독에는 포이약(Pauillac), 생테스테프(Saint-Estèphe), 생줄리앙(Saint-Julien), 마고(Margaux), 리스트락 메독(Listrac Médoc), 물리스 엉 메독(Moulis en Médoc)과 같이 유명한 6개의 마을이 있다. 1855년 제정된 그랑 크뤼 클라세 등급 와인에는 많은 수의 메독과 그라브 와인이 속해있다.

그라브는 자갈이라는 의미로 페싹-레오냥(Pessac-Leognan)을 포함하고 있다. 페싹-레오냥이라는 명칭을 단독으로 사용되기도 하며, 훌륭한 레드 와인과 함께 아로마가 풍부한 화이트 와인도 생산된다.

❖ 메독의 대표적인 마을

① 생테스테프(Saint-Estèphe)

메독 최북단에 위치한 마을로 장기숙성이 가능한 힘차고 견고함이 느껴지는 와인을 만들어 낸다. 이곳의 토양에는 점토질이 많아 다른 마을에 비해 다소 거친 스타일의 와인이 생산된다. 대표적인 양조장으로는 샤토 코스 데스투르넬(Château Cos-d'Estournel)이 있으며, 그랑 크뤼 2등급 와인을 생산하는 곳이다.

▲ 샤토 코스 데스투르넬

② 포이약(Pauillac)

포이약에는 보르도의 명성 높은 와인들이 많이 생산되는 곳으로 그랑 크뤼 1등급 5개 중 3개(샤토 라피트 로칠드, 샤토 무통 로칠드, 샤토 라투르), 61개의 등급 와인 중 18개의 와인이 생산된다. 그 밖에도 많은 최고급 와인들이 생산된다.

와인의 스타일은 섬세하며 정교한 와인, 풀바디의 화려한 풍미를 가진 와인, 탄탄한 구조감을 지닌 와인 등 다양한 스타일의 와인이 생산되는데, 그 이유는 떼루아가 다양하고 샤토마다 블렌딩의 비율이 다르기 때문이다. 이곳의 와인은 카베르네 쇼비뇽과 메를로를 블렌딩하며 쁘띠 베르도와 말벡을 소량 이용하기도 한다.

③ 생줄리앙(Saint-Julien)

이 마을은 차로 마을 전체를 쉽게 둘러볼 수 있을 만큼 작은 마을이다. 카베르네 쇼비뇽을 주품종으로 메를로와 카베르네 프랑을 블렌딩하여 와인을 만든다. 그랑 크뤼 2등급 와인 중 이곳에서 생산되는 와인이 5개가 포함되어 있다. 그 중 샤토 레오빌 라스 카스(Château Léoville-Las-Cases)는 1등급 못지않은 와인으로 평가받고 있다. 이곳에서는 섬세하고 우아함이 특징적인 뛰어난 품질의 와인을 생산해 낸다.

▲ 샤토 레오빌 라스 가스

④ 마고(Margaux)

메독의 최남단에 위치하며 샤토 마고를 비롯한 유명한 양조장들이 많이 있다. 이곳의 와인은 섬세하고 우아하면서도 힘이 있어 벨벳 장갑으로 감싼 강철 주먹으로 묘사되기도 한다.[3] 마고에서 가장 유명한 와인으로는 1등급 와인인 샤토 마고(Château Margaux)와 3등급 와인인 샤토 팔메르(Château Palmer)가 있다.

▲ 샤토 팔메르

3) Karen MacNeil, 「더 와인 바이블」, 최신덕 · 백은주 · 문은실 · 김명경 공역, 서울: (주)바롬웍스, 2010, p. 150.

(2) 생테밀리옹, 포므롤, 프롱삭(Saint-Émilion, Pomerol, Fronsac)

가론강과 지롱드강의 우안에 위치한 이 지역은 점토석회질의 토양이 대부분을 차지한다. 포므롤으로 갈수록 토양은 자갈 또는 모래토양으로 변화된다. 이러한 다양한 토양으로 인해 와인은 복합적인 향을 지니고 있다. 이 지역은 일조량이 풍부하며 해양성 기후의 영향을 받아 겨울이 온난하고 습도가 기온을 조절하는 역할을 한다.

메를로가 주품종이며 카베르네 쇼비뇽, 카베르네 프랑, 말벡 등을 블렌딩하여 와인을 생산한다.

생테밀리옹은 뤼싹 생테밀리옹(Lussac Saint-Émilion), 몽타뉴 생테밀리옹(Montagne Saint-Émilion), 퓌스겡 생테밀리옹(Puisseguin Saint-Émilion), 생테밀리옹(Saint-Émilion), 생테밀리옹 그랑 크뤼(Saint-Émilion Grand Cru), 생조르주 생테밀리옹(Saint-Georges Saint-Émilion)과 같이 6개 산지로 구분된다.

포므롤은 포므롤(Pomerol)과 라랑드 드 포므롤(Lalande de Pomerol)로 구분되어진다. 이 세 지역의 AOC 와인은 보르도 전체 와인 생산량의 10%를 차지하고 있다.

이 지역은 1855년 보르도 등급분류에서 제외되었지만 샤토 페트루스(Ch. Petrus)와 같은 세계적으로 유명한 와인을 생산해 낸다.

① 생테밀리옹(Saint-Émilion)

이 지역에서는 메를로를 주품종으로 와인을 생산한다. 이곳의 토양은 수세기 동안 일어났던 지질변동의 영향으로 진흙, 모래, 석영, 백악토가 혼합되어 있으며 지형의 기복이 심해 다양한 떼루아를 형성하고 있다.

생테밀리옹에서는 1955년에 등급분류제도를 도입하였는데, 가장 최고 등급은 프리미에르 그랑 크뤼 클라세(Premiers Grands Crus Classés)이며, 두 번째 등급은 그랑 크뤼 클라세(Grands Crus Classés), 그 아래 등급은 그랑 크뤼(Grands Crus)이다. 등급분류는 10년에 한번씩 재심사를 거쳐 조정 작업을 거치는데, 가장 최근에 재조정된 결과는 2012년에 발표되었다. 그 결과 총 82개 중 18개의 프리미에르 그랑 크뤼 클라세와 64개의 그랑 크뤼 클라세로 분류되었다.

지금까지 A그룹에는 샤토 오존과 샤토 슈발블랑 2개의 와인만이 포함되었으

나, 2012년에 샤토 앙젤루스와 샤토 파비가 합류되었다.

프리미에르 그랑 크뤼 클라세에 속하는 18개의 와인들은 다시 A와 B로 구분되어 지며 아래와 같다.

❖ 2012년 생테밀리옹 등급

✲ Premiers Grands Crus Classés (A)

- Château Ausone(오존느)
- Château Cheval Blanc(슈발 블랑)

- Château Angélus(앙젤루스)
- Château Pavie(파비)

✲ Premiers Grands Crus Classés (B)

- Château Beauséjour(보세주르)(Duffau–Lagarosse)
- Château Beau–Séjour–Bécot(보세주르–베코)
- Château Bélair–Monange(벨레르–몽나즈)
- Château Canon(카농)
- Château Canon la Gaffelière(카농 라 갸프리에르)
- Château Figeac(피작)
- Clos Fourtet(푸르테)

- Château la Gaffelière(라 갸프리에르)
- Château Larcis Ducasse(라르시스 두카쎄)
- Château La Mondotte(라 몽도트)
- Château Pavie Macquin(파비 마캥)
- Château Troplong Mondot(트로프롱 몽도)
- Château Trottevieille(트롯트비에이)
- Château Valandraud(발랑드로)

▲ 샤토 파비 마캥

▲ 샤토 카농

② 포므롤(Pomerol)

포므롤은 규모는 작지만 명성이 높은 값비싼 와인들이 많이 생산된다. 메를로를 주품종으로 사용하며 등급체계가 없다. 이곳에서 생산되는 최고의 와인은 샤토 페트루스(Château Petrus)로 메를로 100%로 만들어진다.

▲ 샤토 페트루스

(3) 코트 드 보르도(Côtes de Bordeaux)

코트(Côtes)는 경사진 언덕을 칭하는 말로 이 지역의 포도원들은 햇빛이 잘 드는 언덕에 위치해 있다. 이 지역의 토양은 자갈 또는 점토-석회질로 이뤄져 있으며, 메를로를 주품종으로 카베르네 쇼비뇽, 카베르네 프랑을 블렌딩하여 생산한다. 이 지역의 와인은 영(young)할 때 마시기 좋은 가벼운 와인이 많이 생산된다.

(4) 보르도(Bordeaux)와 보르도 쉬페리외르(Bordeaux Supérieur)

보르도의 전형적인 특색을 띠는 이 지역의 와인은 보르도 와인 생산량의 절반 가량을 생산해 낸다. 이 지역은 보르도 전 지역에서 생산되는 와인들이 포함되며 화이트, 로제, 레드 와인 모두가 생산된다. 이 지역에서 생산되는 와인의 대부분은 일상에서 편하게 마실 수 있는 저렴한 와인들로 영(young)할 때 마시는 것이 좋다.

(5) 소테른(Sauternes)과 바르샥(Barsac) - 스위트 화이트 와인 생산지역

소테른과 바르삭은 스위트한 화이트 와인 생산지역으로 유명하며, 아펠라시옹 소테른 AOC와 바르삭 AOC는 스위트 화이트 와인에만 그 명칭이 부여된다.

소테른과 바르삭 위쪽에 흐르는 가론강과 이 두 마을 사이에 흐르는 시롱(Ciron)강은 늦여름의 이른 아침에 짙은 안개를 만들어 낸다. 그리고 낮 시간대에는 뜨거운 햇볕이 내리쬐는 날씨로 인해 보트리티스 시네레아(Botrytis Cinerea)라는 곰팡이균이 잘 번식될 수 있는 환경이 조성된다. 이 곰팡이균으로 인해 포도 알맹이의 수분은 빠지고 당분만 남게 되어 건포도와 같이 쭈글쭈글해지는데, 이러한 현상을 귀부현상(Noble Rot)이라 하며 이로 인해 독특한 향이 와인에 부여된다. 이러한 귀부현상은 포도송이의 모든 알이 한꺼번에 진행되는 것이 아니므로 포도 알맹이 하나하나를 여러 회에 걸쳐 선별하여 수확하게 된다.

이 지역의 포도품종은 보트리티스 시네레아의 영향을 잘 받는 세미용과 신선한 산미와 풍부한 아로마를 부여하는 쇼비뇽 블랑을 블렌딩하여 와인을 생산해 낸다.

이 지역에서 생산해 내는 샤토 디켐(Ch. d'Yquem)은 세계 최고의 스위트 화이트 와인이다. 또한 1855년에 제정된 소테른과 바르삭 와인 등급에서 유일한 특등급 와인이기도 하다.

▲ 샤토 디켐

(6) 드라이 화이트 와인 생산지역

그라브(Graves), 페싹-레오냥(Pessac-Leognan), 엉트르-드-메르(Entre Deux-Mers)에서는 쇼비뇽 블랑과 세미용으로 드라이 화이트 와인을 생산해 낸다.[4]

4) 조영현(2012). The wine. 서울: 백산출판사

2. 부르고뉴(Bourgogne)

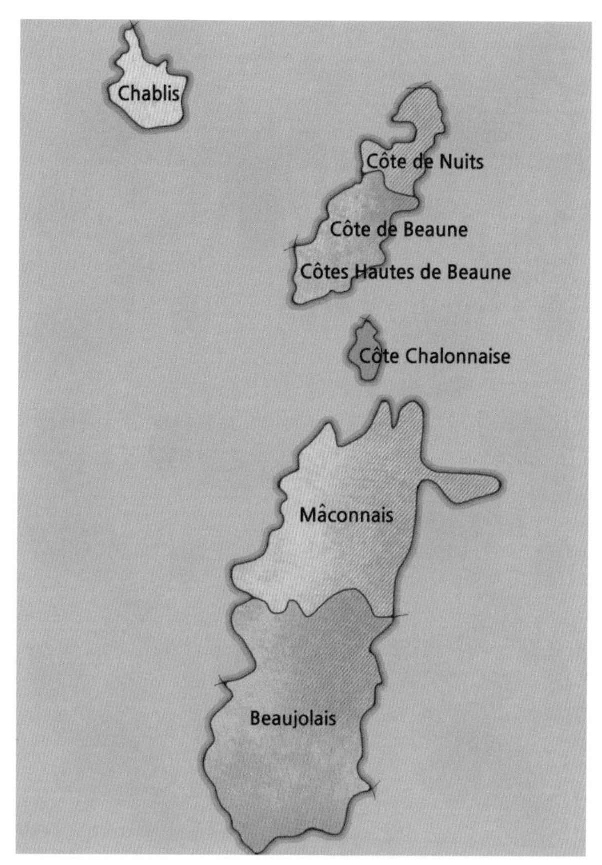

부르고뉴 지도

부르고뉴 지역은 대륙성 기후를 띠어 겨울에는 춥고 봄에는 서리가 내리며, 수확기에는 비가 자주 내려 포도를 재배하는데 많은 노력이 필요하다. 이렇게 포도 재배에 어려움이 있지만 포도밭들이 남향과 동남향 방향으로 길게 형성되어 있어 일조량이 충분하며, 서리와 서풍으로부터 포도나무를 보호받을 수 있다.

부르고뉴에는 보르도처럼 대규모의 샤토가 없고 영세한 소규모의 포도밭들이 천 조각처럼 이어져 있다. 부르고뉴는 수천 개의 작은 포도밭으로 세분화되어 있으며 각각의 포도밭마다 소유주가 여러 명이다.

주요 포도품종은 레드 품종으로 피노 누아(Pinot Noir)가 주로 재배되며, 소량이지만 가메(Gamay)도 재배된다. 화이트 품종으로 샤르도네(Chardonnay)가 주로 재배되며 알리고테(Aligoté)와 쇼비뇽 블랑(Sauvignon Blanc)이 소량 재배된다.

부르고뉴는 샤블리(Chablis), 코트 드 뉘(Côte de Nuits), 코트 드 본(Côte de Beaune), 코트 샬로네즈(Cote Chalonnais), 마코네(Maconnais)의 5개 지역으로 나뉜다.

부르고뉴에서는 세계 최고급 레드 와인으로 불리는 로마네 콩티(Romanée-Conti)가 생산되며 그 외에 세계적으로 명성이 높은 레드 와인과 화이트 와인이 많이 생산되는 곳이다.

부르고뉴의 네고시앙(Negociant)과 도멘느(Domaine) [5]

부르고뉴는 소규모로 포도농사를 짓는 사람이 대부분으로 이들 중 자체적으로 와인을 만들 수 있는 양조장이 없거나 자금력이 없어 와인을 유통하기 어렵다. 이러한 사람들은 양조장과 유통망을 가진 회사에 포도나 와인을 판매하는데, 이들의 포도나 와인을 사들여 유통하는 회사를 네고시앙이라고 한다. 네고시앙은 포도를 사서 양조하고 숙성시켜 유통시키기도 하고 만들어진 와인을 사서 유통시키기도 한다.

도멘느는 프랑스어로 토지 또는 사유지를 뜻하며, 와인을 생산하는 포도밭을 지닌 양조회사를 의미한다. 부르고뉴 지역의 소규모 샤토의 개념이지만 그 규모에 있어서는 샤토와 많은 차이가 있다. 샤토는 으리으리한 건물로 그 규모가 크고 단독 양조장을 뜻하지만 도멘느의 규모는 포도밭 소유 규모에 따라 매우 작을 수도 클 수도 있으며, 도멘느의 소유가 단독이거나 단체이기도 하다.

그리고 네고시앙이자 도멘느인 경우도 있다. 네고시앙으로 성공하여 포도밭을 소유하여 직접 포도를 재배하는 경우가 늘어나고 있다. 이러한 경우 자신이 소유한 포도밭에서 생산된 와인의 경우 레이블에 '도멘느'를 표기하고 이를 제외한 지역에서 생산된 와인에는 '네고시앙'을 표기하게 된다.

부르고뉴 와인은 같은 포도밭에서 재배된 포도라도 네고시앙과 도멘느의 양조 기술에 따라 그 품질이 달라진다. 따라서 네고시앙과 도멘느의 역할이 중요한 만큼 부르고뉴 와인을 선택할 때 이들의 명성이 와인 선택에 있어 중요한 단서가 될 수 있다.

유명 네고시앙으로는 죠셉 드루앵(Joseph Drouhin), 루이 라투르(Louis Latour), 루이 쟈도(Louis Jadot), 조르주 뒤뵈프(Georges Duboeuf), 제이 모로 에 피스(J. Moreau & Fils) 등이 있다.

단독으로 포도밭을 소유하고 있는 대표적인 업체(모노폴, Monopole)[6]로는 몸므생(Mommessin), 도멘느 프랑수아 라마르슈(Domaine François Lamarche), 도멘느 드 라 로마네 콩티(Domaine de La Romanée-Conti), 리제르 벨레르(Liger-Belair), 장 그로(Jean Gros) 등이 있다.

1) 부르고뉴 와인 등급 체계

부르고뉴의 와인 등급 체계는 보르도와는 달리 4개로 분류된다.

5) 조영현(2012). The wine. 서울: 백산출판사

6) 하나의 포도밭을 개인이나 회사가 단독으로 소유하고 와인을 생산한다는 의미이다.

(1) 지역 명칭 와인(Les Appellations Régionales)

지역 명칭 와인은 가장 낮은 등급으로 부르고뉴 지역 내에서 생산된 포도라면 이 등급을 받을 수 있다. 레이블에 '부르고뉴(Bourgogne)' 표기가 가능하다.

(2) 마을 명칭 와인(Les Appellations Commune)

와인 레이블에 마을의 이름 표기가 가능하다. 즉 마을 이름이 와인의 이름이 되는 것이다. 뫼르소(Meursault), 볼네이(Volnay), 쥬브레 샹베르탱(Gevrey Chambertin) 등이 이에 속한다.

(3) 프리미에르 크뤼(Les Appellations Premièrs Cru)

마을 AOC가 주어진 곳에서도 품질이 뛰어난 와인을 생산해 내는 포도밭에 프리미에 크뤼가 부여된다. 와인 레이블에 마을 이름 다음에 포도밭 이름이 표기된다. 약 560개 이상의 프리미에르 크뤼가 존재하며 전체 생산량의 11%에 해당된다.

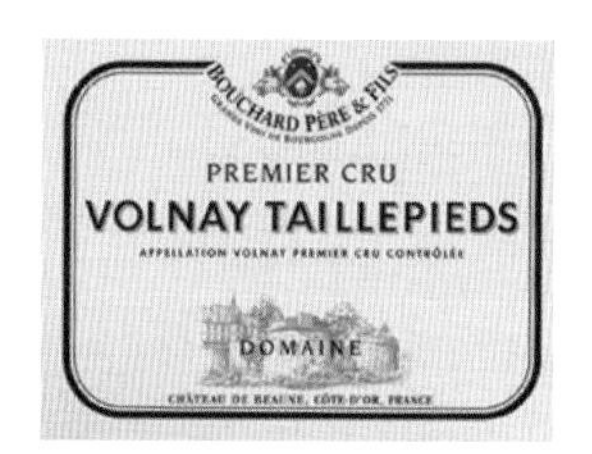

(4) 그랑 크뤼(Grand Cru Appellations)

최고의 포도밭에서 생산되는 최상급의 와인으로 와인 레이블에 포도밭 이름만 표기된다. 샹베르탱(Chambertin), 뮈지니(Musigny), 몽라쉐(Montrachet) 등이 이에 속한다. 부르고뉴 전체 생산량의 1%를 차지하는 희소성의 가치가 있는 와인으로 33개의 그랑크뤼가 있으며, 코트 도르 지역에 32개, 샤블리 지역에 1개가 있다.

2) 부르고뉴 포도품종

전 세계에서 재배되는 피노 누아와 샤르도네 중 최고 품질의 와인을 생산해 내는 지역이다.

(1) 레드 품종

- 피노 누아(Pinot Noir)
- 가메(Gamay)

(2) 화이트 품종

- 샤르도네(Chardonnay)
- 알리고테(Aligoté)

3) 부르고뉴의 와인산지

부르고뉴는 샤블리(Chablis), 코트 드 뉘(Côte de Nuits), 코트 드 본(Côte de Beaune), 코트 샬로네즈(Côte Chalonnais), 마코네(Mâconnais)의 5개 지역으로 나뉜다. 코트 드 뉘와 코트 드 본을 합쳐 코트 도르(Côte d'Or)라 칭한다. 보졸레는 행정구역상 부르고뉴에 속하나 와인의 스타일이 달라 와인산지로서는 따로 구분된다.

(1) 샤블리(Chablis)

부르고뉴 최북단에 위치하고 있으며, 주로 샤르도네 품종을 재배하며 전 세계적으로 유명한 샤르도네 화이트 와인을 생산해 내는 지역이기도 하다.

석회질 토양으로 이뤄져 있으며, 기후가 서늘하여 화이트 와인을 생산하기에 적합한 조건을 갖춘 곳이다. 샤블리의 화이트 와인은 기분 좋은 미네랄의 풍미가 특징적이다. 프랑스인들은 이러한 미네랄의 풍미를 부싯돌에 비유하여 설명하면서 우수한 등급의 샤블리에서는 이러한 부싯돌의 풍미에 적절한 꿀 향이 나는 것이 샤블리만의 매력적인 특징이라고 표현하기도 한다.

❖ 샤블리 와인의 등급체계

샤블리 와인은 샤블리 그랑 크뤼(Chablis Grands Crus), 샤블리 프리미에르 크뤼(Chablis Premièrs Crus), 샤블리(Chablis), 프티 샤블리(Petit Chablis) 4개의 등급으로 나뉜다.

🍸 샤블리 그랑 크뤼(Chablis Grands Crus)

샤블리 최고의 와인으로 그랑 크뤼를 생산하는 7개의 끌리마(Climat)[7]는 다음과 같다. 황금색의 드라이한 최고급 와인으로 5~20년까지 장기 숙성이 가능하다.

끌리마 명칭: 부그로(Bougros), 레클로(Les Clos), 그르누이(Grenouilles), 블랑쇼(Blanchot), 프뢰즈(Preuses), 발뮈르(Valmur), 보데지르(Vaudesir)

7) 보르도는 샤토(Château)라고 부르는 양조장은 한 개인이나 기업의 소유이지만, 부르고뉴는 레이블에 표시되어 있는 포도 생산지가 여러 명 또는 수십 명의 포도 생산업자로 이루어져 있다. 따라서 이 개인 소유 포도밭을 끌리마(Climats)라 부른다.

샤블리 프리미에르 크뤼(Chablis Premièrs Crus)

하나의 포도원에서 생산되거나 다른 프리미에 크뤼와 블렌딩하여 생산 가능하다. 단일 포도원에서 생산되었다면 포도밭을 레이블에 표기하고, 만약 두 포도원의 포도를 블렌딩하여 만들었다면 레이블에 포도밭 명칭은 표기하지 않고 프리미에르 크뤼 등급만 표기한다. 4~8년까지 숙성이 가능하다.

샤블리(Chablis)

샤블리 지역 전체에서 생산되는 와인을 칭하며 2~3년까지 숙성이 가능하다.

프티 샤블리(Petit Chablis)

프레쉬하고 상큼한 와인을 생산하며 생산 후 곧 소비하는 것이 좋다.

(2) 코트 도르(Côte d'Or)

① 코트 드 뉘(Côte de Nuits)

디종 시의 남쪽에서 시작되는 이 산지에서는 거의 레드 와인만을 생산한다. 코트 도르(Côte d'Or) 지방의 북쪽에서부터 길이 20km에 달하는 긴 포도밭으로 레드 와인이 전체 생산량의 약 93%를 차지하고, 화이트 와인이 약 7%를 차지한다.

피노 누아 품종을 대부분 재배하여 레드 와인을 만들어 낸다. 서늘한 기후로 피노 누아를 재배하기에 가장 이상적인 떼루아를 가지고 있어 세계적으로 품질이 뛰어난 레드 와인을 생산해 낸다.

주요 와인 생산 마을로는 피생(Fixin), 쥬브레 샹베르탱(Gevrey-Chambertin), 모레 쌩 드니(Morey-St-Denis), 샹볼 뮈지니(Chambolle-Musigny), 부죠(Vougeot), 본 로마네(Vosne-Romanée), 뉘 쌩 조르즈(Nuits-Saint-Georges)가 있다.

쥬브레 샹베르탱하면 나폴레옹을 떠올리는데, 이는 이 마을의 그랑크뤼인 샹베르탱 와인 때문이다. 이 와인은 나폴레옹이 즐겨 마셨던 와인으로 붉은 과일을 연상케 하는 향과 빛깔을 띠고 있으며, 감미로우며 적절한 산도에 타닌 성분이

힘을 더해주어 균형이 잘 잡힌 장기 숙성 와인을 생산한다.

본 로마네 마을에서는 세계에서 가장 좋은 포도주로 꼽히는 로마네 콩티(Romanée-Conti)가 생산된다.

로마네 콩티(Romanée-Conti)

프랑스 부르고뉴의 코트 도르에서도 최고의 그랑크뤼 포도밭에서 생산되는 레드 와인인 로마네 콩티는 와인 애호가들에게는 "세상에서 가장 갖고 싶은 와인! 죽기 전 꼭 마시고 싶은 와인!"으로 불리울 만큼 귀하고 값비싼 와인이다.

로마네 콩티는 '로마네'라는 포도밭 이름에서 비롯되었으며, 루이 14세 시절까지만 해도 이곳에서 생산된 와인을 '라 로마네'라 불렀다. 그러나 이 후 포도밭의 남쪽의 대부분을 사들인 루이 15세의 장조카인 콩티 왕자(Prince de Conti, 1717~1776)에 의해 지분이 분할되면서 라 로마네가 '라 로미네'와 '로마네 콩티'로 나눠지게 되었다.

18세기 프랑스 혁명에 의해 콩티의 품을 떠난 이 포도원은 경매로 여러 번 소유자가 바뀌고, 1973년에 도멘 드 라 로마네(Domaine de la Romanée, D.R.C)라는 법인이 경영하게 되었다.

로마네 콩티의 포도밭은 축구장 크기 정도로 1년에 약 6,000병만이 생산된다. 피노 누아 100%로 만들어지며 동양의 음력 농사법으로 농사를 짓고 있다. 모두 손수확으로 철저한 포도의 선별작업을 거쳐 만들어지며, 숙성은 100% 새 오크통에서 이루어진다.

로마네 콩티는 돈이 있다고 해서 쉽게 살 수 있는 와인이 아니다. 로마네 콩티를 사려는 와인 애호가들이 예약자 명단과 대기자 명단을 가득 매우고 있으며, 로마네 콩티 한 병을 사려면 D.R.C에서 생산되는 다른 와인들(라 타슈 3병, 로마네 생 비방 2병, 리쉬부르 2병, 그랑 에세조 2병, 에세조 2병)이 포함된 세트를 함께 구매해야만 한다..

로마네 콩티

② 코트 드 본(Côte de Beaune)

피노 누아와 샤르도네 품종을 재배하여 레드 와인과 화이트 와인 모두를 생산한다.

이 지역의 토양은 자갈이 많고 철분이 함유된 점토, 석회질 토양으로 구성되어 있어 샤르도네 품종 재배에 적합하다.

주요 와인 생산 마을로는 라두아(Ladoix), 알록스 코르통(Aloxe-Corton), 본(Beaune), 포마르(Pommard), 볼네이(Volnay), 생 로맹(St Lomain), 뫼르소(Meursault), 퓔리니 몽라쉐(Puligny-Montrachet), 샤사뉴 몽라쉐(Chassagne-Montrachet) 등이 있다. 뫼르소, 알록스 코르통, 퓔리니 몽라쉐, 그리고 샤사뉴 몽라쉐는 훌륭한 화이트 와인을 생산하는 지역이며, 레드 와인을 생산하는 지역으로는 알록스 코르통, 본, 포마르, 그리고 볼네이 등이 있다.

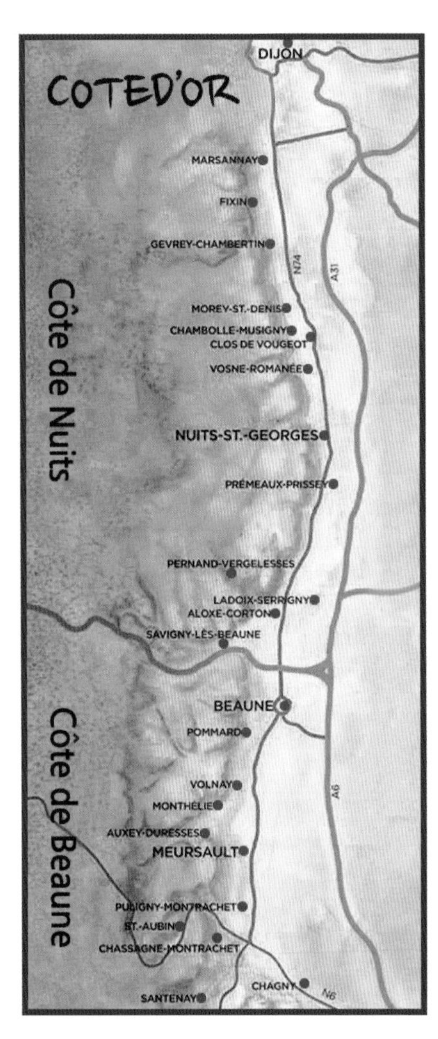

코트 도르 지도

(3) 코트 샬로네즈(Côte Chalonnais)

이 지역은 코트 드 본과 마코네 지역 중간에 위치해 있으며, 코트 도르만큼 유명하진 않지만 우수한 품질의 레드 와인과 화이트 와인을 생산하는 지역이다. 그랑 크뤼급의 포도밭은 없지만 프리미에르 크뤼 포도밭은 많다.

레드 와인용으로는 피노 누아가 주로 재배되고 가메도 일부 재배된다. 화이트 와인용 품종은 샤르도네와 알리고테가 재배된다.

주요 와인 생산 마을로는 륄리(Rully), 부즈롱(Bouzeron), 메르퀴레이(Mercurey), 지브리(Givry), 몽타뉘(Montragny) 등이 있다.

(4) 마코네(Mâconnais)

주로 화이트 와인을 생산하며 질 좋은 테이블급의 샤르도네 와인이 많이 생산된다.

녹색 빛이 감도는 황금색의 섬세하고 향미가 강한 드라이 화이트 와인인 푸이 휘세(Pouilly Fuisse)와 생 베랑(Saint-Veran)은 샤르도네로 만들어지며, 이 지역에서 생산되는 대표적인 화이트 와인이다.

3. 보졸레(Beaujolais)

보졸레는 부르고뉴의 최남단에 위치한 지역으로 행정구역 상으로는 부르고뉴에 속하나 와인 산지로서는 전혀 다른 특성을 가지고 있어 구분지어 설명한다.

보졸레의 북부지역은 화강암과 편암의 토양으로 매우 섬세하고도 강한 레드 와인을 생산하며, 남부지역은 점토와 석회질이 섞인 토양으로 보라색을 띤 가볍고 과일 향미가 풍부한 레드 와인을 생산해 낸다. 모두 가메(Gamay) 품종으로 만들어 진다.

여기에는 10개의 보졸레 크뤼(Beaujolais Cru) AOC에서 생산되는데 이 포도주는 5년까지 숙성이 가능하다. 10개 마을 이름은 다음과 같다.

❖ 보졸레 크뤼

① 생 타무르(Saint-Amour)

② 줄리에나(Juliénas)

③ 셰나(Chénas)

④ 물랭 아 방(Moulin-à-Vent)

⑤ 플뢰리(Fleurie)

⑥ 쉬루블(Chiroubles)

⑦ 모르공(Morgon)

⑧ 레니에(Regnié)

⑨ 브루이(Brouilly)

⑩ 코트 드 브루이(Côte de Brouilly)

보졸레 와인의 양조는 '탄산가스 침용 방법(Carbonique Maceration)'으로 포도송이를 통째로 발효조에 넣어두면 가장 아래에 있는 포도가 무게로 눌러지면서 즙이 나오게 되고 효모에 의해 발효가 시작되면서 아래에서 위로 올라가며 발효가 일어난다. 즉 발효로 인해 발생하는 탄산이 포도알맹이를 터뜨리는 과정을 통해 발효와 침용이 일어나는 것이다. 이러한 양조방법은 가메와 같이 과일의 풍미가 풍부한 특성을 살리기에 좋은 방법인 것이다.

매년 11월 3째주 목요일에 판매가 시작되는 보졸레 누보 와인(Beaujolais Nouveau)은 그 해에 수확한 포도를 단기 숙성시켜 만든 햇 포도주로 신선한 과일 향이 풍부하며, 지금은 세계적인 축제로 자리 잡았다.

보졸레의 남부 지역에서는 샤르도네와 알리고테로 만든 화이트 와인을 소량 생산하기도 한다.

▲ 보졸레 누보

4. 발레 뒤 론(Vallée du Rhône)

프랑스 동남부에 위치한 발레 뒤 론 지역은 프랑스의 와인 산지 중 보르도 다음으로 넓은 포도산지이다. 론 지역 와인 생산량의 90% 이상이 레드 와인이며, 그 외에 화이트 와인, 로제 와인, 스파클링 와인을 생산한다.

론 지역은 북부 론과 남부 론으로 나뉘는데 이 두 지역에서 생산되는 와인의 특징은 매우 다르다. 론 지역은 13개 마을 AOC가 존재하며 북부에 8개가 있으며, 남부에 5개가 있다.

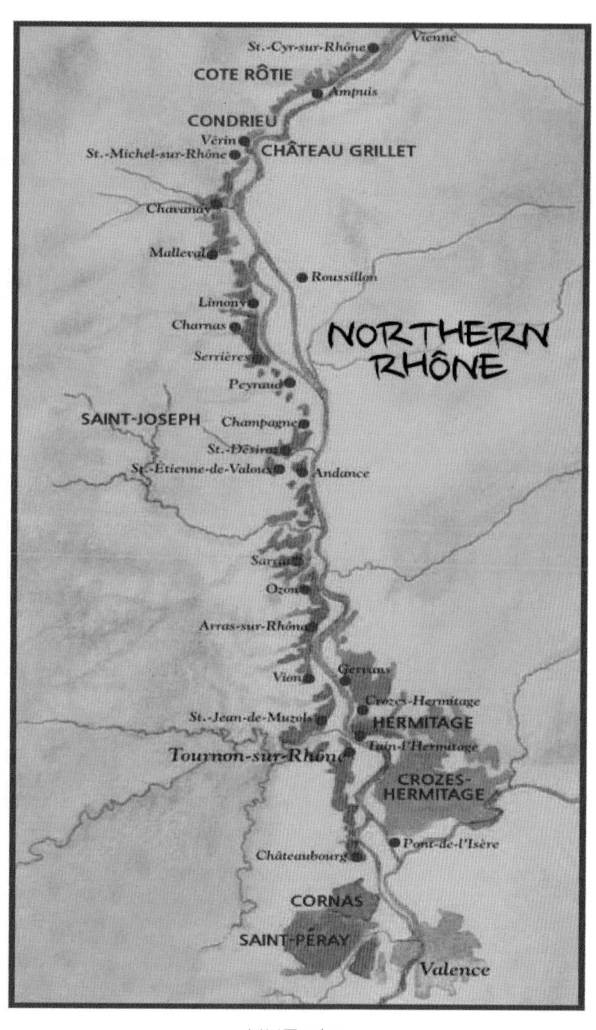

북부론 지도

남부 론 지도

1) 북부 론

북부 론 지역은 대륙성 기후로 겨울은 매우 춥고 습하며 여름은 무덥고 화강암의 토양으로 이루어져 있다. 이곳에서는 차가운 북풍(미스트랄, Mistral)이 불어 포도나무를 급속도로 차갑게 만드는데 이러한 환경에서는 배수가 잘 되고 열을 보존해 주는 화강암 토양이 도움을 준다.

이 지역의 포도밭은 경사가 심해 기계를 이용하여 수확하는 것이 불가능해 손 수확을 하고 있다.

북부 론에서는 시라 품종이 주로 재배되며 시라로 만든 레드 와인은 동물성 풍미와 흰 후추의 풍미가 나며, 가죽 향, 검은 자두와 블랙베리의 향이 특징적이다. 이러한 풍미의 강렬함은 포도나무 수령이 40년 이상으로 오래된 나무가 포도에 부여하는 힘과 농축미에서 비롯된다고 할 수 있다. 반면 포도나무 수령이 높아 수확량은 매우 적다. 북부 론 전체의 생산량이 남부 론의 샤토네프 뒤 파프(Chateauneuf-du-Pape)보다 적다고 한다.

북부 론에서 재배되는 화이트 품종으로는 비오니에(Viognier), 마르산느(Marsanne), 루산느(Roussanne) 등이 있다.

(1) 북부 론의 대표 AOC

① 코트 로티(Côtes Rôtie)

론의 최북단에 위치해 있으며 레드 와인만을 생산하며 화이트 와인은 생산하지 않는다. 레드 와인을 만드는 포도품종은 시라로 흙과 사냥짐승의 풍미와 후추향이 인상적이다.

코트 로티는 법적으로는 소량의 화이트 품종을 섞어서 만들도록 되어 있다. 그 이유는 시라 포도나무 사이에 비오니에 포도나무가 흩어져 있어 이 방법이 효율적이라 생각했기 때문이다. 법적으로는 비오니에 품종을 20%까지 사용할 수 있도록 규정하고 있지만 실제로 생산자들은 5% 미만을 포함시키고 있다.

② 콩드리외(Condrieu)

이곳에서는 비오니에 품종으로 만든 화이트 와인만을 생산한다. 콩드리외는 샤토 그리에와 함께 론에서 가장 유명한 화이트 와인이다.

작황이 좋은 해의 비오니에로 만든 와인에서는 복숭아, 리치, 오렌지 껍질 등의 향미를 강렬하게 내뿜는다. 비오니에 품종은 재배하기 까다롭고 어려운 품종으로 생산량이 적다.

가장 유명한 생산자로는 조르주 베르네(Georges Vernay)가 있으며, 그 밖에 이기갈, 르네 로스탱, 뒤마제, 이브 퀴에롱, 필립 포리, 로베르 니에로 등이 있다.

③ 샤토 그리에(Château Grillet)

샤토 그리에 역시 콩드리외와 같이 비오니에 품종으로 만든 화이트 와인만이 생산된다. 프랑스에서 가장 작은 면적의 AOC 중 하나로 '샤토 그리에'라는 단 하나의 양조장만이 존재한다.

④ 생 죠셉(Saint-Joseph)

이곳에서는 시라로 레드 와인을 만들며, 화이트 와인은 마르산느와 루산느를 블렌딩하여 만든다. 이곳은 와인품질 수준의 폭이 매우 넓다.

로저 블라숑(Roger Blachon) 와인은 최고급 와인 중 하나로 빈티지가 좋은 해에는 우아한 풍미를 가진 와인이 생산된다.

⑤ 크로즈 에르미타주(Crozes-Hermitage)

이곳에서는 시라로 레드 와인을 만드는데 후추와 같은 향신료 향이 특징적이다. 그리고 마르산느와 소량의 루산느로 화이트 와인을 만드는데 개암향과 꽃향이 특징적이다. 와인의 품질은 그리 뛰어나지 못하며 수확량은 많다.

⑥ 에르미타주(Hermitage)

18세기와 19세기에는 에르미타주 와인이 최고급 보르도 와인보다 비싼 가격에 거래되었다.

시라로 레드 와인을 만들며 작황이 좋은 해에는 가죽, 흙, 블랙베리와 블랙체리의 향이 매력적이며, 남성적인 와인으로 묘사되기도 한다.

에르미타주 레드 와인을 만들 때 화이트 품종인 마르산느 혹은 루산느를 15%까지 블렌딩이 허용되고 있지만 대부분의 생산자는 화이트 품종을 섞지 않고 있다.

에르미타주 화이트 와인은 마르산느와 루산느 두 품종으로 만든다.

최고급 에르미타주를 만드는 생산자로는 알베르 벨르, 이 기갈, 장 루이 샤브, 마크 소렐, 엠 샤푸티에 등이 있다.

⑦ 코르나스(Cornas)

이곳에서는 시라로 만든 레드 와인만을 생산한다.

작황이 좋은 해에 잘 만든 와인에서는 후추, 송로버섯, 감초 향이 나며 매우 남성적인 특성이 두드러진다. 최고급 코르나스를 생산하는 생산자는 오귀스트 클라프, 장 뤽 콜롱보, 노엘 베르세 등이 있다.

⑧ 쌩 뻬레(Saint Péray)

마르산느 품종으로 병 속에서 2차 발효를 하는 샴페인 방식으로 스파클링 와인을 생산한다.

2) 남부 론

남부 론은 햇빛이 많은 지중해성 기후로 무더운 날에 알프스에서 불어오는 북서풍이 생장기 동안 포도나무를 식혀주어 포도의 산도를 유지시키는 데 도움을 준다. 남부 론은 완만한 언덕과 평지에 포도밭이 형성되어 있다. 토양은 진흙, 석회질 모래, 자갈로 이뤄져 있다.

남부 론의 대표 레드 품종은 그르나슈이며 북부 론과는 달리 여러 가지 품종을 블렌딩하는 것이 특징적이다.

남부 론에서는 법 규정상 와인 양조에 허용되는 포도품종이 23종으로 레드 와인을 만드는 품종은 12종으로 그르나슈, 시라, 무르베드르, 생소, 카리냥 등이 주품종 사용되며. 화이트 와인을 만드는 품종은 11종으로 그르나슈 블랑, 클레레트, 부르불랑, 파카르당, 픽풀, 위니 블랑, 마르산느, 루산느, 비오니에, 뮈스카, 마카베오가 있다.

(1) 남부 론의 대표 AOC

① 샤토네프 뒤 파프(Châteauneuf-du-Pape)

'교황의 새로운 성'이라는 뜻으로 남부 론에 위치한 아비뇽은 프랑스 영토이지만 로마 교황청 소재지로 되어 아비뇽의 교황들이 별장으로 사용하면서 이곳에서 와인을 즐겨 마시게 된다. 따라서 샤토네프 뒤 파프는 교황의 와인으로 유명해지게 된다. 샤토네프 뒤 파프 양조에 허용되는 품종은 총 14가지로 레드 품종으로는 그르나슈, 시라, 무르베드르, 생소, 뮈스카르댕, 쿠누아즈, 바카레즈, 테레 누아가 포함되며, 화이트 품종으로는 그르나슈 블랑, 클레레트, 부르불랑, 루산느, 픽풀, 피카르당이 포함된다. 이 14가지 품종을 블렌딩할 수 있다. 이곳의 레드 와인은 묵직하며 알코올 도수가 높은 것이 특징이다.

▲ 샤토네프 뒤 파프

② 리락(Lirac)

화이트, 레드, 로제 와인이 모두 생산되며 모두 과일 향이 풍부하고 프레시한 것이 특징적이다.

③ 지공다스(Gigondas)

지공다스에서는 레드 와인과 로제 와인을 만들며 레드 와인을 만들 때 그르나슈를 80%까지, 그리고 시라나 무드베르드는 15%까지 허용한다. 그 외에 카리냥을 제외한 다른 품종들을 사용할 수 있다. 지공다스 와인은 라즈베리, 가죽, 향신료의 강렬한 풍미가 특징적이다.

④ 따벨(Tavel)

프랑스에서 최고의 로제 와인을 생산하는 곳으로 따벨 로제는 베리와 향신료의 향이 두드러지며 매우 드라이하고, 레드 와인 수준의 강건함과 묵직함이 특징적이다.

⑤ 바케라스(Vacqueyras)

바케라스는 강건한 스타일의 레드 와인을 생산해 내며 블랙커런트, 블루베리, 후추 향이 난다. 주로 재배하는 품종으로는 그르나슈, 시라, 무르베드르, 생소이다.

화이트 와인과 로제 와인은 소량 생산된다.

⑥ 봄 드 베니스(Beaumes de Venise)

봄 드 베니스는 뮈스카 품종으로 만든 스위트한 강화 와인인 '뮈스카 드 봄 드 베니스'로 유명하다. 이 와인은 복숭아, 살구, 멜론, 오렌지의 풍미가 특징적이며, 남부 론에서는 이 와인을 식전주로 마신다.

⑦ 뱅쏘브르(Vinsobres)

이 곳에서는 그르나슈 품종이 약 70% 정도 재배되며, 시라가 약 18% 재배된다. 뱅쏘브르의 와인은 숙성을 시키면 실크처럼 부드럽고 우아한 타닌이 매력적인 와인이다.

5. 루아르(Loire)

프랑스의 북서부에 위치하는 루아르는 루아르 강을 중심으로 주변에 포도밭들이 펼쳐져 있다. 루아르는 프랑스에서 매우 큰 와인 산지 중 하나로 보르도의 2/3에 해당하는 넓이다.

또한 온화한 기후와 아름다운 중세의 고성들로 유명한 루아르는 프랑스에서 가장 다양한 와인을 생산하는 곳으로, 드라이 와인, 스위트 와인, 스파클링 와인, 레드 와인, 화이트 와인, 로제 와인 등 거의 모든 종류의 와인이 생산된다.

루아르에서는 슈냉 블랑과 쇼비뇽 블랑으로 뛰어난 품질이 와인을 생산해 내며, 와인은 대체적으로 향기로운 과일 향이 나며 상큼한 산미가 매력적인 특징을 가지고 있다.

루아르는 낭트(Nantes), 앙주-소뮈르(Anjour-Saumure), 뚜렌느(Touraine), 그리고 중부지방(Centre Nivernais)의 4개의 지역으로 나누어져 있다.

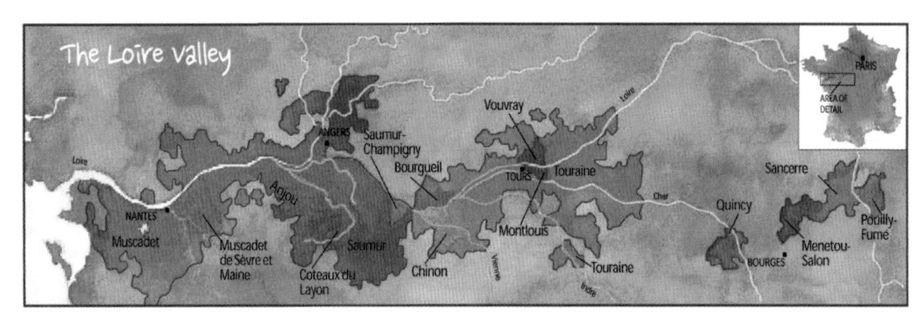

루아르 지도

1) 루아르 포도품종

(1) 레드 품종

- 카베르네 프랑(Cabernet Franc) : 루아르 최고의 레드 와인을 만드는 품종
- 가메(Gamay)
- 피노 누아(Pinot Noir)
- 그롤로(Grolleau)
- 기타 : 카베르네 쇼비뇽, 코(말벡), 피노 도니, 피노 믜니에

(2) 화이트 품종

- 슈냉 블랑(Chenin Blanc) : 루아르 대표 화이트 품종으로 드라이, 스위트, 스파클링 등 다양한 스타일의 와인을 만든다.
- 쇼비뇽 블랑(Sauvignon Blanc) : 루아르의 고급 화이트 와인을 만드는 품종
- 폴 블랑슈(Folle Blanche)
- 믈롱 드 부르고뉴(Melon de Bourgogne)
- 샤르도네(Chardonnay)
- 아르부아(Arbois)

2) 루아르 와인산지

(1) 낭트(Nantes)

낭트 지역은 해양성 기후로 여름에는 습하고 덥다. 또한 가을과 겨울은 대체로 온화하다. 낭트를 대표하는 와인하면 뮈스카데(Muscadat)와인으로 단일품종으로 만들어진다. 뮈스카데는 믈롱 드 부르고뉴(Melon de Bourgogne)로도 불리며, 이 품종은 서리에 잘 견디어 이곳에서 잘 자란다. 뮈스카데로 만든 화이트 와인은 미디엄 바디의 드라이 와인으로 가벼운 과일 향에 중간 이상의 산도를 가진 와인을 생산해 낸다.

낭트 지역의 대표적인 AOC로는 뮈스카데(le Muscadet), 뮈스카데 드 세브르 에 멘느(le Muscadet de Sevres-et-Maine), 뮈스카데 라꼬뜨 드 라 루아르(le Muscadet la Coteaux de la Loir), 뮈스카데 데 코트 드 그랑디유(le Muscadet des Cote de Grandlieu) 등이 있다.

(2) 앙주-소뮈르(Anjour-Saumure)

루아르 지방의 중앙에 위치해 있으며, 떼루아와 미세기후가 매우 다양하다. 루아르에서 생산량이 가장 많은 곳이며, 레드, 화이트, 로제, 스파클링 와인이 다양하게 생산된다. 레드 와인은 카베르네 프랑이 주품종이며, 화이트 와인은 슈냉 블랑이 주품종으로 사용된다. 무엇보다도 이 지역은 유명한 로제 와인을 생산해 내는 로제 당주(Rosé d'Anjou) AOC가 유명한데, 이곳의 전체 생산량의 약 45%를 차지했던 로제 와인의 생산량이 점점 줄어들고 있는 추세이다. 이곳의 최고의 레드 와인은 소뮈르 샹피니(Saumur-Champigny)이다.

앙주-소뮈르 지역의 대표적인 AOC는 로제 당주(Rosé d'Anjou), 로제 드 루아르(Rosé de Loire), 카베르네 당주(Cabernet d'Anjou), 카베르네 드 소뮈르(Cabernet de Saumur) 등이 있다.

(3) 뚜렌느(Touraine)

'프랑스의 정원'이라고 불리는 뚜렌느에서는 주로 화이트 와인이 생산되며, 대부분 단일품종으로 양조된다. 뚜렌느의 서쪽에 위치한 쉬농(Chinon)과 부르괴유(Bourgueil)에서는 카베르네 프랑을 주품종으로 하는 레드 와인을 주로 만들며, 동쪽에 위치한 부브레이(Vouvray)는 슈냉 블랑으로 화이트 와인을 만들며, 드라이와인에서 스위트 와인까지 다양하게 생산한다.

(4) 중부지방(Centre Nivernais)

프랑스의 내륙의 중간에 위치한 지방으로 포도원들이 루아르강과 그 지류의 평원 또는 좋은 언덕 위에 위치해 있다. 4개의 루아르 와인산지 중 가장 작지만 유명한 상세르(Sancerre)와 푸이 퓌메(Pouilly Fumé)가 생산되는 지역이다.

상세르 지역과 푸이 퓌메는 루아르 최고의 화이트 와인을 생산하는 지역으로 쇼비뇽 블랑으로 만들어진다.

상세르 화이트 와인은 상큼한 산미와 자몽 향과 스모크 향이 매력적인 와인으로 헤밍웨이가 좋아했던 와인으로 알려져 있다. 상세르의 레드 와인은 피노 누아 품종으로 만들어진다.

▲ 상세르

▲ 푸이 퓌메

6. 알자스(Alsace)

프랑스 동북부에 위치해 있으며 포도산지는 라인강과 보쥬(Vosges)산 경사면에 분포되어 있다. 이 지역은 독일과 국경지대에 있어 역사적으로 프랑스와 독일의 분쟁이 잦았던 곳이다. 원래 독일의 영토였던 알자스는 종교전쟁으로 1648년 프랑스의 영토가 되지만 비스마르크의 등장으로 강국이 된 독일이 프랑스와의 전

쟁에 승리하면서 1871년부터 다시 알자스를 지배하게 된다. 이후 1차 세계대전과 2차 세계대전으로 알자스 영토에 대한 분쟁은 계속된다. 1차 세계대전이 끝난 후 알자스에 AOC를 도입하고자 했던 프랑스는 2차 세계대전이 끝나고 한참 후인 1962년에서야 알자스 AOC를 완성하게 된다.

이러한 역사적인 이유로 지금의 알자스 와인은 독일의 와인과 유사한 점이 많다. 목이 가늘고 긴 병을 사용한다는 것과 포도의 품종이 동일하다. 또한 와인의 명칭이 생산자 명칭이 아닌 포도품종으로 한다는 것이 독일의 영향을 받았다고 할 수 있다. 단, 발효 방법에 있어 알자스는 당분을 전부 알코올로 발효시켜 드라이 와인을 만드는 반면 독일은 당분을 남겨 스위트 와인을 만든다는 것이 다르다.

알자스는 리슬링으로 만든 화이트 와인이 유명하다.

알자스의 대부분은 드라이 와인이지만 늦 수확으로 당분 함량을 올려 스위트 와인으로 만든 '방당쥬 타르디브(Vendanges tardives)'나 귀부현상이 생긴 포도를 선별하여 만든 스위트 와인인 '셀렉시옹 드 그랭 노블(Selection de grains nobles)'도 생산된다.

1) 알자스 포도품종

(1) 레드 품종

- 피노 누아(Pinot Noir)

(2) 화이트 품종

- 라슬링(Riesling)
- 게뷔르츠트라미너(Gewurztraminer)
- 실바네르(Sylvaner)
- 피노 블랑(Pinot Blanc)
- 뮈스카(Muscat)
- 피노 그리(Pinot Gris 혹은 Tokay Pinot Gris)

2) 알자스 와인산지

알자스의 AOC는 3개로 구분된다.

(1) 알자스(Alsace)

알자스 와인 전체 생산량의 74%에 해당되며, 알자스 AOC 와인은 100% 단일품종으로 양조된 경우 품종명이 레이블에 기재될 수 있다. 두 가지 품종 이상이 블렌딩된 경우에는 에델즈빅케르(Edelzwiker)나 쟝티(Gentil)를 표기하며, 더불어 지역명이나 읍 명 같은 지리적 명칭을 추가적으로 기재할 수도 있다.

(2) 알자스 그랑 크뤼(Alsace Grand Cru)

알자스 그랑 크뤼로 선정된 50여개의 포도원에서 생산 가능하며, 다양한 품질기준(떼루아 및 생산량 제한, 포도재배 규정, 시음 인가 등)을 통과한 와인에 부여되는 명칭이다. 알자스 그랑 크뤼는 리슬링, 게뷔르츠트라미너, 피노 그리, 뮈스카 달자스 4품종으로만 만들 수 있다.

(3) 크레망 달자스(Crément d'Alsace)

알자스의 스파클링 와인으로 병 안에서 2차 발효를 하는 샴페인 방식으로 만들어지는 상큼하고 섬세한 드라이한 발포성 와인이다.

7. 샹파뉴(Champagne)

'샹파뉴'는 샹파뉴 지역에서 재배된 포도로 만든 스파클링 와인에만 그 이름을 붙일 수 있다. 즉 모든 스파클링 와인이 샹파뉴, 즉 샴페인이라 부를 수 없는 것이다.

샹파뉴 지역은 연평균 기온이 10.5℃를 넘지 않는 곳으로 프랑스에서 포도가 재배되는 가장 추운 지역으로 포도를 재배할 수 있는 북위 한계선으로 볼 수 있다.

샹파뉴 지방은 백악질 토양으로 수분을 모아두고 낮 동안에 받은 태양열을 밤에도 유지시켜 주어 개성이 강한 포도 생산이 가능한 것이다.

샴페인을 처음으로 만든 사람은 동 페리뇽(Dom Pérignon)으로 샹파뉴 지방에 있는 오빌레 사원의 수도승으로 와인 제조책임자로 일했었다. 당시 당분이 남아 있는 상태로 와인을 병에 넣는 일이 빈번했는데 봄이 되어 온도가 올라가면서 겨울철에 멈추었던 발효가 일어나는 경우가 많이 발생했다. 이 때 탄산가스로 인해 병이 깨지거나 병뚜껑이 날라가는 현상이 벌어졌고 동 페리뇽은 이를 그냥 지나치지 않고 마셔보았던 것이다. 그 맛에 깊은 감동을 받은 동 페리뇽은 이러한 탄산을 어떻게 보존할 수 있을가를 고민하게 되었으며, 코르크를 처음으로 사용하게 된다. 즉 동 페리뇽은 샴페인을 발명한 사람이 아닌 와인 속의 탄산을 유지하는 방법을 그만의 실험정신으로 찾아낸 사람이라고 할 수 있다.

샴페인이 생산되는 지역은 발레 드 라 마른느(Vallée de la Marne), 몽타뉴 드 랭스(Montagne de Reims), 코트 데 블랑(Côte des Blancs), 코트 드 세잔느(Côte de Sézanne), 오브(Aube)이다.

▲ 동 페리뇽

▲ 모엣 샹동 샴페인

1) 포도품종

샴페인을 만드는 포도품종은 레드 품종인 피노 누아(Pinot Noir)와 피노 므니에(Pinot Meunier), 그리고 화이트 품종인 샤르도네(Chardonnay)의 세 가지이다.

먼저 피노 누아는 강한 바디와 향미, 그리고 지속성을 부여한다. 그리고 피노 므니에는 과일 향과 흙 향 등과 같은 향미를 부여한다. 마지막으로 샤르도네는 섬세함과 우아함을 형성하는 역할을 한다.

- **블랑 드 블랑(Blanc de Blancs)** : 화이트 품종인 샤르도네(Chardonnay) 100% 로 만든 와인이다. 맛이 약간 쌉쌀하다.
- **블랑 드 누아(Blanc de Noirs)** : 레드 품종인 피노 누아(Pinot Noir)와 피노 므니에(Pinot Mounieur)만으로 만든 와인이다.

2) 샴페인 양조방법

(1) 수확과 선별

9월 말의 포도 수확기가 되면 직접 손으로 포도를 수확하고 이 때 흠집이 있거나 덜 익은 포도는 골라낸다. 세 가지 포도품종을 각각 따로 수확하며, 헥타르당 포도 수확량은 법으로 정해져 있다.

(2) 압착

수확된 포도알을 압착 기계로 운반해 곧바로 압착한다. 그런데 레드 품종에서 화이트 와인을 얻어내야 하므로 압착 과정은 세심한 주의를 요한다. 특히 포도 껍질에 함유된 색소가 과즙을 물들이지 않도록 주의해야 하며, 우수한 품질의 주스를 얻기 위해 약 160kg의 포도에서 100L의 과즙을 얻도록 압착한다.

(3) 알코올 발효(1차 발효)

압착을 통해 얻어진 포도즙은 즉시 발효조로 옮겨 1차 발효를 거친다. 6~8주간의 알코올 발효를 거치면 탄산이 없는 일반 스틸 와인으로 알코올 도수는 그리 높지 않은 와인이 된다. 이때 생산지와 포도품종에 따라 각기 다른 주조통에 저장된다.

(4) 블렌딩

봄이 되면, 양조 전문가들은 각 주조통 마다 맛을 보고, 각기 다른 와인을 섞기 시작한다. 이 과정을 통해 각기 다른 숙성년도, 포도밭, 그리고 품종들을 블렌딩이라는 정교한 작업으로 그들의 명성에 맞는 변함없는 동일한 품질의 와인을 만들어 내는 것이다. 이렇게 다양한 와인이 블렌딩된 것을 퀴베(Cuvée)라 하며, 이러한 이유로 샴페인에는 대개 빈티지(포도 수확년도)를 표시하지 않는다.

그러나 특별히 작황이 좋은 해는 그 해 생산된 포도를 100% 사용하고 빈티지를 표시한다.

(5) 주병

블렌딩이 끝난 와인을 재발효를 일으키기 위해 사탕수수의 당분과 효모의 혼합액을 첨가하는데 이 과정을 티라주(Tirage)라고 한다. 이때 코르크마개를 쓰지 않고 크라운 캡을 이용하여 병의 입구를 막는다.

(6) 2차 발효

주병 과정이 끝난 와인 병을 옆으로 눕혀 15℃ 정도의 시원한 곳에 보관한다.

6~12주 후 병에 탄산가스가 가득 차게 되고 병의 바닥에는 찌꺼기가 가라앉게 된다. 이 과정 중에 주의해야 할 것은 발효 온도인데 발효 온도가 너무 높으면 병이 깨질 우려가 있고 발효 온도가 너무 낮으면 발효가 중단될 우려가 있다.

(7) 숙성

발효가 끝나면 10℃ 정도의 더 낮은 온도에서 숙성시키는데 효모의 찌꺼기와 와인이 접촉하면서 특유의 부케를 얻게 된다.

(8) 병 돌리기

병 속의 침전물 제거를 위해 숙성 기간이 끝나면 와인 병을 거꾸로 세워 A자 모양의 경사진 나무판(Pupitres, 퓌피트르)에 꽂아놓고 정기적으로 병을 흔들어주거나, 1/4 바퀴 정도 돌려주는데, 이를 르뮈아주(Remuage)라고 한다.

이 작업은 사람이 직접 하기도 하지만 무려 6~8주 동안 지속되는 매우 힘든 작업이다. 따라서 요즘에는 기계를 이용하여 르뮈아주 작업을 하는 곳이 많다.

(9) 침전물 제거(Dégorgement, 데고르주멍) 및 보충(Dosage, 도자주)

병목에 모여진 침전물을 제거하기 위해서는 순간 냉동으로 병목을 얼려서 빼내는데 이를 데고르주멍(Dégorgement)이라고 한다. 이는 병목을 0℃ 이하의 찬 소금물에 담궈 급속 냉각시킨 후 병마개를 열면 병 안의 가스로 인해 생긴 압력으로 병목에 형성되었던 찌꺼기들이 얼음이 되어 튀어 나오게 하는 작업이다.

이때 빼낸 양만큼 다시 술을 채우는데 같은 주조통 속에 있던 포도주를 섞어주거나 오래된 샴페인 또는 사탕수수로 만든 술을 섞어준다. 이때 첨가하는 당분의 양에 따라 드라이(Brut, Extra Dry, Sec) 또는 스위트(Demi Sec, Doux) 샴페인으로 분류되어진다. 이 과정을 도자주(Dosage)라고 한다.

당분 함량에 따른 샹파뉴 와인

엑스트라 브뤼(Extra-Brut) : 1ℓ당 0~6g
브뤼(Brut) : 1ℓ당 0~15g
엑스트라 드라이(Extra-Dry) : 1ℓ당 12~20g
섹(Sec) : 1ℓ당 17~35g
드미 섹(Demi-sec) : 1ℓ당 33~50g
두(Doux) : 1ℓ당 50g 이상

3) 샴페인의 종류

(1) 논 빈티지(Non-Vintage, Non Millésime) 샴페인

매년 동일한 맛을 내기 위해 여러 해의 와인을 블렌딩하여 만든 샴페인으로 대부분의 샴페인이 이에 속한다.

▲ 떼땡져(논 빈티지 샴페인)

(2) 빈티지(Vintage, Millésime) 샴페인

특정 해의 작황이 좋아 그 해 수확한 포도만으로 블렌딩하여 만든 샴페인이다. 빈티지 와인을 만드는 해를 결정하는 것은 제조하는 회사가 결정한다.

▲ 페리에 주에(빈티지 샴페인)

(3) 로제(Rosé) 샴페인

핑크빛이 도는 샴페인으로 붉은 열매 향, 장미 향 등의 아로마를 풍기며 알코올 도수가 다소 높고 가격도 비싸다.

(4) 프레스티지 퀴베(Prestige Cuvée)

프레스티지 퀴베는 샴페인 회사의 최고 상품을 지칭하는 말이다. 최상급의 포도밭에서 재배된 최고의 포도로 만들어야 하며, 법적인 규정은 없지만 일반적으로 4~7년의 숙성 기간을 거친다. 대부분 빈티지 샴페인으로 수량이 적어 매우 비싸게 팔린다. '퀴베 스페시알(Cuvée Spéciale)'이라고도 한다.

▲ 샹피뉴 로칠드 로제

8. 랑그독 루시옹(Languedoc-Roussillon) / 남프랑스(Sud de France) 와인

2006년부터 랑그독 루시옹의 농수산물 및 와인을 대상으로 기존의 '랑그독 루시옹' 명칭을 '남프랑스'로 변경하였다.

랑그독 루시용은 고온 건조하며 적은 양의 비가 불규칙하게 내리는 지중해성 기후로 남부 특유의 색과 맛이 진한 레드 와인을 생산한다.

이곳의 레드 품종은 카리냥(Carignan), 무르베드르(Mourvedre), 시라(Syrah), 그르나슈(Grenache), 생소(Cinsault) 등이며 화이트 품종으로는 마카뵈(Macabeu), 그르나슈 블랑(Grenache Blanc), 부르블랭(Bourboulenc), 클레레트(Clairette), 픽풀(Picpoul) 등이 재배된다.

이 지역은 프랑스에서 가장 넓은 포도재배지역으로 4개 도에 걸쳐 포도산지가 조성되어 있으며, 프랑스 총 생산량의 약 38%가 생산되며, 프랑스 뱅 드 페이의 약70%의 와인이 이곳에서 생산된다.

특히 이 지역에서는 천연감미 와인인 '뱅 두 나투렐(Vin Doux Naturels, VDN)'를 생산하고 있다. 이 와인은 화이트 와인 양조 방법으로 만들어지는데, 발효 중인 와인에 알코올을 첨가하여 포도즙의 발효를 중단시켜 포도의 천연당분을 남겨 스위트 와인으로 만드는 방법이다. 보통 알코올 함량은 약 15% 이상인 당도가 높은 와인이 되는데, 포르투갈의 주정 강화 와인인 포트 와인을 만드는 방법과 유사하다.

9. 프로방스(Provence)와 코르스(Corse, 코르시카)

프로방스 포도재배지역은 프랑스 포도재배지역 중 가장 오래되었으며 고흐, 르누아, 마티스, 피카소, 세잔 등 유명 화가의 활동 무대였을 만큼 경치가 좋기로 유명한 곳이다.

이곳은 지중해성 기후로 강렬하고 타닌이 강한 로제 와인으로 유명하며, 강한 태양만큼이나 강력하고 농축미가 있는 레드 와인이 생산된다. 화이트 와인은 소량 생산된다. 이곳에서 재배되는 레드 품종으로는 무르베드르(Mourvedre), 그르나슈(Grenache), 시라(Syrah) 등이며 프랑스 북부에서 주로 재배되는 카베르네 쇼비뇽(Cabernet Sauvignon)을 도입하여 다양한 맛의 와인을 생산하고 있다.

프로방스는 무르베드르를 주품종으로 다른 품종을 블렌딩하여 만든 스파이시하며 힘이 있는 로제 와인인 '방돌(Bandol)'로 유명하다.

코르시카 섬은 이탈리아 국경에 가까운 지중해상의 섬으로 2천500여년 전 그리스인들에 의해 포도나무가 심어진 것으로 추정된다.

코르시카 섬과 프로방스 와인이 유명해질 수 있었던 것은 연간 일조량이 약 3,000시간이며 서리는 거의 내리지 않고, 봄이 일찍 오며, 좋은 여름 날씨와 같은 기후 덕분이다. 프로방스와 코르시카 섬에서는 레드 와인과 로제 와인을 주로 생산하며 화이트 와인도 일부 생산된다.

제 2 장 이탈리아 와인

제1절 이탈리아 와인의 개요

이탈리아는 전 세계 와인 생산량에 있어 프랑스와 함께 1~2위를 다투며 세계 최고의 와인 생산국으로 자리매김하였다.

이탈리아에서 포도나무를 보는 것은 미국의 잔디밭을 보는 것과 같이 흔한 일이며 와인을 만든다는 것 또한 매우 자연스러운 일이다. 또한 와인 생산의 오랜 역사와 전통을 가지고 있어 프랑스와 함께 구세계 와인을 대표하고 있다.

이탈리아는 전 세계에서 유일하게 전 국토의 20개 주 전역에서 지역별 특색이 잘 살아 있는 와인이 생산된다.

이렇듯 이탈리아는 와인산업과 관련된 제반조건을 갖추고 있었으나 왜 이탈리아 와인은 프랑스 와인에 비해 세계시장에서 주목받지 못하였을까?

그 이유는 일찌감치 와인산업에 대한 법을 제정하고 시행한 프랑스에 비해 이탈리아는 약 30년 뒤에 비로소 와인 법을 제정하여 품질관리를 시작하였기 때문이다. 즉, 와인 법이 시행되기 전 이탈리아 와인은 전근대적인 생산방식과 품질관리 소홀로 세계시장에서 주목받지 못하였던 것이다.

그러나 현재 이탈리아 와인은 전 세계인들에게 인정받는 명품와인을 생산하는 국가로 유명하다.

제2절 이탈리아 와인의 역사

이탈리아에서 와인이 언제부터 만들어졌는지는 확실치 않으나, 기원전 2000년경 부터 야생 포도를 이용해 와인을 만들기 시작한 것으로 전해지고 있다.

확실한 것은 기원전 800년경 에트루리아인이 지금의 토스카나 지방으로 이주해 포도를 심고 와인을 만들었다는 것이다. 그 후 그리스인이 나폴리 근처에 상륙해 그리스에서 가져온 포도나무를 심고 재배하여 와인을 양조하였다. 이것이 차츰 전 국토의 포도재배로 확산되어 지금은 전 국토의 20개 주 전역에서 와인을 생산하는 유일한 국가이다.

그리스 사람들은 이탈리아를 '와인의 땅'이라는 뜻의 '외노트리아(Oenotria)'라고 불렀다.

고대 로마인들의 포도재배기술과 양조기술은 17~18세기의 과학적인 근대 포도재배 및 양조 기술에 필적할 정도로 우수했으며, 19세기에 와서는 와인 양조 및 숙성법의 발달과 코르크 마개를 이용한 포장법의 발달로 이태리 와인산업은 크게 활성화되어 전 세계로 수출할 수 있게 되었다.

그러나 19세기말에 필록세라(phylloxera)가 전 유럽의 포도원을 강타하여 수많은 이탈리아 포도밭들이 황폐화되었다. 그 이후로 병균에 내성이 있는 포도품종을 개발하였지만 경제적인 면에 더 큰 비중을 두어 품질보다는 생산량에 치중하여 와인을 생산하였으며, 이로인해 이탈리아 와인은 전 세계 와인시장에서 이미지가 그리 좋지 않았다.

그러나 1960년대 레나토 라티(Renato Ratti)가 프랑스 와인산업을 관찰하고 돌아와 낙후된 이태리 와인산업을 현대화시키는 선구자 역할을 하게 되고, 1980년대 이후부터 여러 양조회사들이 현대화 과정을 거치면서 품질개선에 많은 노력을 하여 세계적으로 품질을 인정받는 바롤로(Barolo) 와인과 슈퍼 투스칸 와인 등의 명품와인이 탄생하게 되었다.

제3절 이탈리아 와인의 특징

이탈리아 와인의 특징을 한마디로 표현하자면 '다양성'이라고 할 수 있다.

이탈리아에는 등록된 포도밭만 해도 9만여 곳이며, 이탈리아 20개 주 전역에 분포되어 다양한 와인을 생산하고 있다.

이탈리아는 긴 장화와 같이 남북으로 길게 뻗은 국토를 가지고 있어 기후와 토양이 남북에 걸쳐 상당한 차이를 보여 각각의 환경에 따른 다양한 포도품종이 재배되고 있다. 무려 1,000종 이상의 포도품종이 재배되고 있다고 한다.

또한 양조방식의 차이에 따라 다양한 스타일의 와인이 생산되는 것이 이탈리아 와인의 특징 중 하나이다.

양조자들이 전통적인 양조방식과 현대적인 양조방식 중 어떤 방식을 택하느냐에 따라 스타일이 다른 와인들이 생산되고 있으며, 그 외에 각 지역마다의 독창적인 양조방식으로 인해 개성 넘치는 와인들이 생산되고 있다.

제4절 이탈리아 와인의 품질체계

1. DOC 등급 체계

이탈리아는 자국의 우수한 와인생산을 장려하기 위해 1924년에 최초의 법 규정이 제정되었으며, 1937년에 이를 보완하여 개정한 후 1963년에 와인용 포도과즙과 와인의 원산지명칭 보호를 위한 규정'을 명시하여 이를 대통령령으로 공포하였다.

이탈리아의 와인 규정은 크게 3개로 구분되었으나, 1992년에 4개의 등급으로 개정되었다. 이때 IGT(Indicazione Geografica Tipica)라는 등급이 새롭게 추가되었다. 현재 EU가 정한 와인법도 혼용하여 사용하고 있으며, 이태리에서는 DOP(Denominazione d'Origine Protetta)로 표기한다.

1) DOCG(Denominazione di Origine Controllate e Garantita, 데노미나초네 디 오리지네 콘트롤라타 에 가란티타)

DOC의 법적 요건을 모두 만족시켜야 하며 부가적으로 와인이 양조된 곳에서 병입되어야 하며 농림부의 시음 과정을 통과해야 한다. 또한 DOC 등급을 5년 이상 유지해야 DOCG의 선정대상이 될 수 있다.

2) DOC(Denominazione di Origine Controllata, 데노미나초네 디 오리지네 콘트롤라타)

프랑스 AOC에 해당하며 IGT 등급을 3년 이상 유지해야 DOC 와인 선정대상에 오를 수 있다. DOC 등급을 받기 위해서는 지정된 포도로 지정된 산지에서 재배되어야 하며, 최대 생산량, 면적단위당 생산량, 최소 알코올 도수, 블렌딩 방법 등을 규제하고 있다.

3) IGT(Indicazione Geografica Tipica, 인디카초네 제오그라피카 티피카)

1994년에 새로 도입된 통제규정이며 프랑스의 Vin de Pays에 해당된다. 공식적으로 지정된 비교적 광범위한 생산지역을 표시하며 대부분 품종도 표시된다.

DOCG와 DOC에 비해 통제되는 것이 많이 없어 양조자들이 창의적인 시도를 할 수 있다. 세계적으로 유명한 슈퍼 투스칸(Super Tuscans)이 이에 속한다.

4) VdT(Vino da Tabola, 비노 다 타볼라)

원산지 구분 없이 이탈리아 전국에서 재배된 포도로 만든 와인들이 이에 속하며, 화이트, 레드, 로제와 같은 기본적인 사항만 표시한다.

제5절 이탈리아 와인산지

이태리의 포도재배지역은 크게 3개 지방 즉, 북부지방, 중부지방, 남부지방으로 나누며 또 20개의 도(Province)지역으로 나눈다.

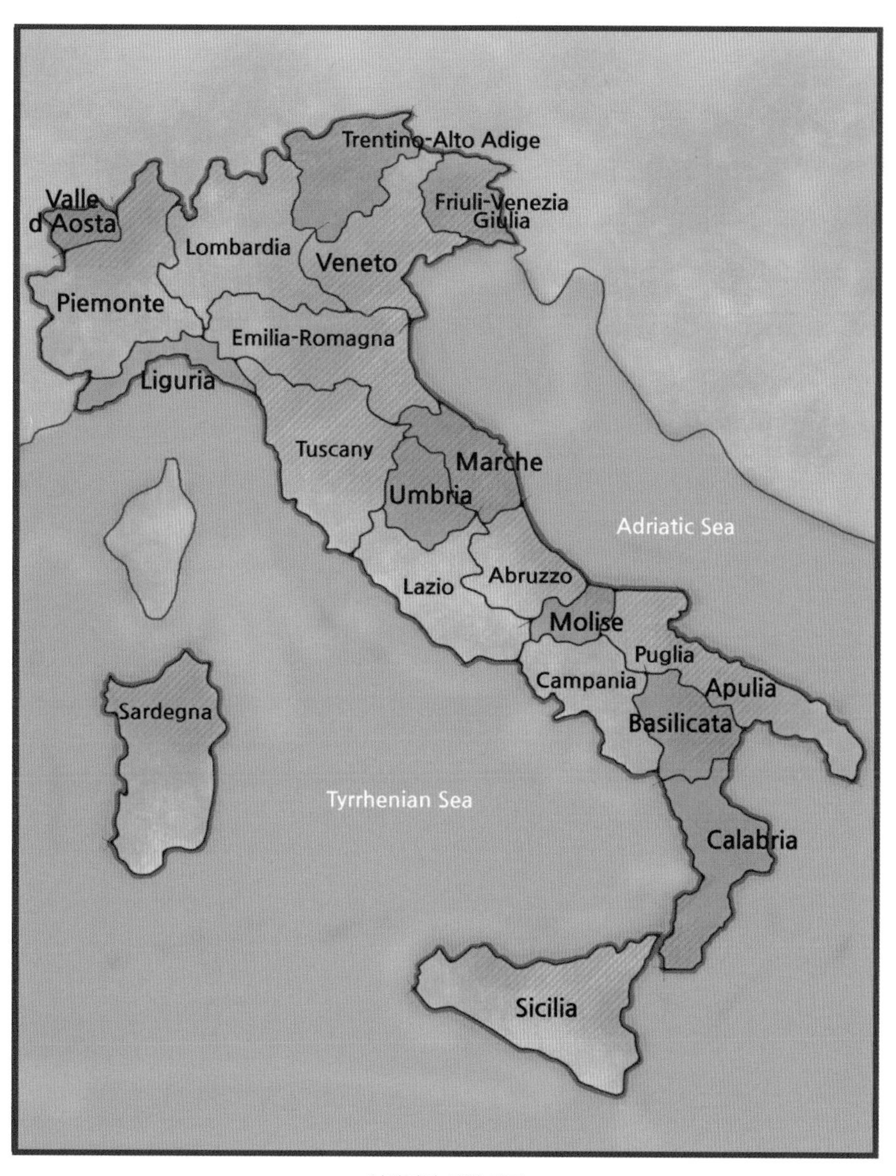

이탈리아 와인 산지

1. 북부지방

피에몬테(Piemonte), 발레 다오스타(Valle d'Aosta), 롬바르디아(Lombardia), 베네토(Veneto), 리구리아(Liguria), 프리울리 베네치아 줄리아(Friuli Venezia Giulia), 트렌티노 알토 아디제(Trentino Alto Adigie), 에밀리아 로마냐(Emilia Romagna) 등의 8개 도 지역이 있다.

1) 피에몬테(Piemonte)

피에몬테(Piemonte)는 'Foot of mountain'이란 뜻으로 알프스 산맥 기슭에 있으며, 고급 레드 와인 생산 지역으로 유명하다. 피에몬테는 이탈리아에서 가장 많은 DOCG와 DOC 와인이 생산되는 지역이다. 이 지역의 포도밭은 대부분 랑게(Langhe)와 몬페라토(Monferrato) 언덕에 위치하고 있으며, 타나로(Tanaro)강에 있는 알바(Alba) 마을이 고급 와인 산지이다.

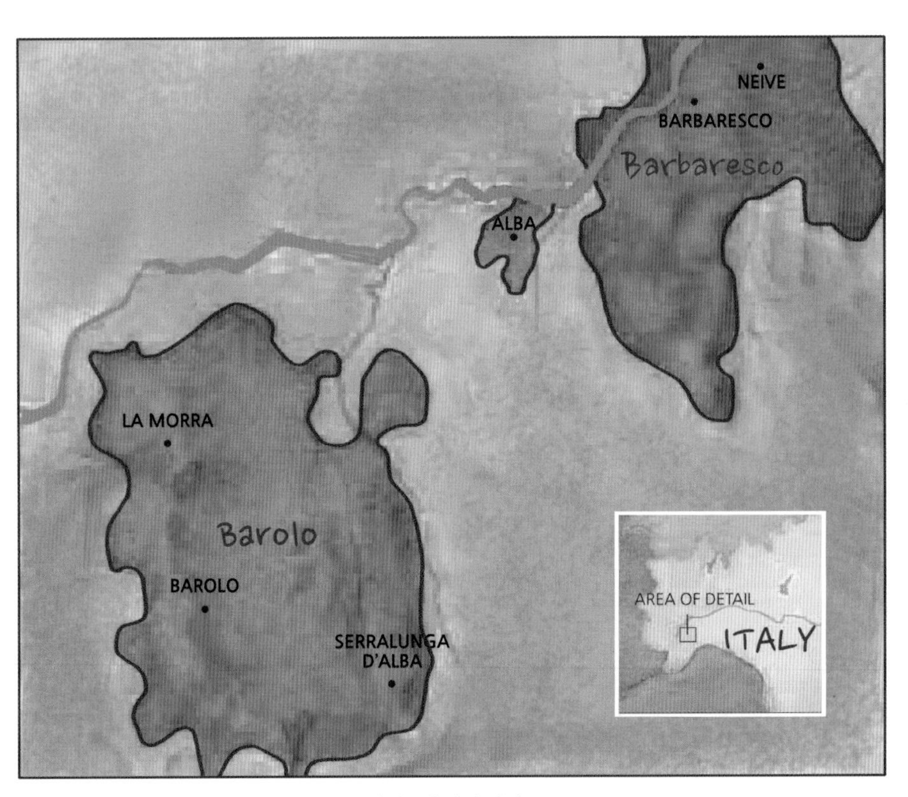

피에몬테 와인 산지

대표적인 와인 산지로는 '이태리 와인의 왕'이라고 불리우는 바롤로(Barolo)와 그에 못지 않은 바르바레스코(Barbaresco)가 있다. 두 와인 모두 100% 네비올로(Nebbiolo) 품종으로 만들어지는데 세분화된 지역에 따라 차이가 있지만 일반적으로 응축된 질감과 타닌을 가진 무게감있는 와인을 생산한다. 그 외에 대표적인 레드 품종으로 바르베라(Barbera), 돌체토(Dolcetto), 프레이자(Freisa) 등이 있다.

그리고 세미 스위트 스파클링 와인으로 유명한 아스티(Asti) 역시 세계적으로 유명한 와인산지 중 하나이다.

(1) 피에몬테 포도품종

① 레드 품종

- **네비올로(Nebbiolo)** : 늦은 10월, 수확기 때 이 지방에 끼는 안개 즉 '네비아(Nebbia)'에서 유래된 이름이다. 네비올로는 부르고뉴의 피노 누아처럼 이 지역에 적응한 품종으로 두꺼운 껍질과 짙은 보라색을 띠며 수확이 늦는 편이다. 네비올로로 만든 와인은 타닌과 산이 많아 힘이 있고, 블랙체리, 아니스, 감초의 향이 특징적이다. 장기 숙성을 필요로 하는 포도품종으로, 최소 6년 이상은 숙성시켜야 제 맛을 낼 수 있다.
- **바르베라(Barbera)** : 피에몬테에서 가장 많이 재배되는 품중으로 네비올로보다 약간 빠른 9월 중순이 지나면 수확에 들어간다. 바르베라는 네비올로보다 좀 무게감이 덜한 와인을 생산하지만, 작황이 좋은 해의 경우 웬만한 바롤로를 능가할 정도로 질감이 우수한 와인도 만들어 내는 품종이다.
- **돌체토(Dolcetto)** : 이태리어로 돌체(Dolce)란 달다는 뜻이지만 드라이한 와인을 만든다. 바이오렛 색을 띠는 루비색으로 과일 향과 아몬드 향미가 나는 드라이한 와인을 만들며 약간 가벼워 양조 후 바로 마시기에 좋다.
- **브라케토(Brachetto)**
- **프레이자(Freisa)**
- **그리뇰리노(Grignolino)**

② 화이트 품종

– **아르네이스(Arneis)**: 엷은 그린색을 띠고 꽃 냄새와 함께 과일 향을 띠며 드라이한 와인을 만든다.

– **모스카토(Moscato)**: 모스카토 품종으로 생산된 포도주는 달고 순하며 향이 매우 강한 특징을 보인다. 생산지에 따라 여러 유형의 와인을 만들어 낸다. 전 세계적으로 상업적인 성공을 거둔 대표적인 이탈리아 와인 중 '아스티 스푸만테(Asti spumante)'와 '모스카토 다스티(Moscato d'Asti)'를 만드는 품종이다.

– **코르테제(Cortese)**

(2) 유명한 피에몬테 DOCG

① 바롤로(Barolo)와 바르바레스코(Barbaresco)

대륙성 기후로 겨울은 춥고 여름은 더우며 가을과 겨울에는 안개가 많은 지역이다. 이 마을 옆으로 타나로(Tanaro)강이 흘러 여름철의 뜨거운 열기를 완화시켜 주며 충분한 강우량을 지닌다.

바롤로와 바르바레스코는 동일하게 네비올로 품종으로 만들어진다.

바롤로 마을 내에서도 북서쪽에서 생산된 와인은 아로마가 풍부하면서 비교적 빨리 마실 수 있는 와인이 생산되고 남동쪽으로 갈수록 바디가 강한 장기 숙성용 와인이 생산된다. 바롤로는 여러 마을에서 생산되는데 그 중에 라 모라(La Morra)

는 가장 우아하고 섬세한 와인을, 카스티유리오네 팔레토(Castiglione Falletto)와 몬포르테 달바(Monforte d'Alba)는 힘차고 타닌이 강한 와인을, 세라룽가 달바(Serralunga d'Alba)는 개성 있는 바롤로를 생산한다.

바르바레스코 와인은 바롤로에 비해 우아한 편이다. 그래서 바롤로 와인을 '왕'이라고 한다면 바르바레스코 와인은 여왕으로 불린다. 바르바레스코는 작은 마을 바르바레스코, 네이베(Neive), 트레이조(Treiso), 산 로코 세노 델비오(San rocco seno d'elvio-알바지역) 4곳에서 만들어진다. 바르바레스코와 네이베 지역에서는 보다 우아하고 섬세한 바르바레스코가 생산되며, 그 이외 지역에서는 보다 강하고 거친 바르바레스코가 생산된다.

바롤로는 주병 후 6~8년, 바르바레스코는 4~6년을 두었다가 마시는 것이 적정 시음 시기이다.

▲ 바롤로 와인

▲ 바르바레스코 와인

② 아스티(Asti)

모스카토 품종으로 스위트한 스파클링 와인인 스푸만테(Spumante)를 만드는 지역으로 과일 향과 꽃향이 매력적이며 상큼하면서도 부드러워 전 세계적으로 인기가 많은 와인들을 생산해 낸다. 이 지역의 주요 와인으로는 모스카토 다스티(Moscato d'Asti) DOCG, 바르베라 다스티(Barbera d'Asti) DOC, 돌체토 다스티(Dolcetto d'Asti) DOC 등이 있다.

▲ 바르베라 다스티 와인

③ 그 외 DOCG 와인들

브라케토 다퀴(Brachetto D'Acqui)는 입맛을 자극하는 풍미를 지닌 달콤한 발포성 디저트용 레드 와인으로 브라케토 포도로 만들며 식후주로 좋다.

가티나라(Gattinara)와 겜메(Ghemme)는 가격 대비 훌륭한 드라이 레드 와인을 생산하며, 네비올로와 다른 품종을 블렌딩하여 만든다. 바롤로나 바르바레스코에 비해 무게감이 약한 편이다.

가비(Gavi)는 코르테제 품종으로 드라이한 화이트 와인을 생산하는 지역으로 1980년대에 선풍적 인기를 끈 유명한 와인이다.

로에로(Roero)는 레드, 화이트, 스푸만테 와인을 생산하고 있으며, 레드는 네비올로로 만들며, 화이트 와인과 스푸만테는 아르네이스를 주품종으로 만들어진다.

2) 발레다오스타(Valle d'Aosta)

이탈리아의 서북부 지역의 최북단에 위치하고 있는 발레 디오스타에는 고산지대에 포도밭들이 위치해 있어 여름은 짧게나마 무더운 날씨를 보이나 아주 추운 지역이다.

이곳의 규모는 매우 작지만 다양한 와인들을 생산하고 있으며 질적으로 우수한 와인을 생산하고 있다. 프랑스어와 이탈리아어를 공용어로 사용하고 있으며,

프랑스와 인접해 있는 만큼 프랑스어로 이름 붙여진 와인도 많다. 레드 와인이 약 85%, 화이트 와인이 약 15%를 차지한다. 네비올로를 주품종으로한 레드 와인인 도나스(Donnas)와 아르나드 몽조베(Arnad Montjovet)가 있다.

샹바브(Chambave)라는 프티 루즈(Petit Rouge) 품종을 주품종으로 다른 품종들과 블렌딩하여 만든 레드 와인이 있으며, 모스카토(Moscato) 품종으로 만든 스위트 화이트 와인과 더불어 샹바브 모스카토 파시토(Chambae Moscato Passito) 와인이 유명하다.

이곳에는 발레 다오스타(Valle d'Aosta) 1개의 DOC를 가지고 있으며, DOCG는 없다.

3) 롬바르디아(Lombardia)

이태리 북부 국경 중심부에 위치한 이 지역은 주변에 많은 호수들로 인해 관광지로 매우 유명하다. 그리고 이 지역의 중심도시인 밀라노로 인해 상업도시로 발달된 곳이기도 하다. 특히 이탈리아 발포성 와인 거래가 가장 활발한 지역으로 좋은 와인들을 많이 생산하고 있으며, 이 지역에서 생산되는 총 와인생산량의 25% 이상이 원산지를 엄격히 통제 받고 있다.

롬바르디아 지역의 대표적인 와인으로 이 지역에서는 키아베나스카(Chavennasca)로 불리우는 네비올로 품종으로 만드는 발텔리나(Valtellina) 와인이 있다. 발텔리나 슈페리오레(Valtellina Superiore)는 DOCG 와인으로 가장 북쪽의 서늘한 곳에 경사가 심한 언덕에서 포도를 재배하여 만든다. 또 하나의 대표적인 와인으로 프란치아코르타(Franciacorta)가 있는데, 이 와인은 병 내에서 2차 발효를 하는 샴페인 방식으로 만드는 발포성 와인이다.

4) 베네토(Veneto)

베네토는 이탈리아 내 와인산지 중 와인 생산량이 최고인 곳으로 이탈리아 전체 와인 생산량의 약 18%를 차지하고 있다. 이곳은 베네치아와 베로나가 있는 유명 관광지이며, 베로나에서는 세계적인 와인 전시회인 '빈이탈리(Vinitaly)'가 개최되는 곳이기도 하다.

이곳의 대표적인 레드 와인으로는 코르비나(Corvina), 론디넬라(Rondinella), 몰리나라(Molinara) 품종을 블렌딩하여 만든 발폴리첼라(Valpolicella) 와인이 있다.

특히 아마로네 델라 발폴리첼라(Amarone della Valpolicella) 와인은 이 지역 최고의 와인으로 포도를 약간 늦게 수확하여 대나무 또는 나무로 만든 발 위에서 건조시켜 당도를 보다 응축시킨 후 완전 발효시킨 와인이다.

화이트 와인으로는 가르가네가(Garganega)라는 토착품종을 중심으로 다른 화이트 품종과 블렌딩하여 만든 소아베(Soave) 와인이 유명하다. 레치오토 디 소아베(Recioto di Soave) 와인 역시 유명한 화이트 와인으로 DOCG 와인이다.

이 와인은 '레치오토(Recioto)' 방식으로 만들어지는데, 아마로네와 같이 포도를 건조시켜 당도를 응축시키는 것은 아마로네와 같지만, 레치오토는 아마로네와 달리 발효를 중간에 정지시켜 스위트 와인으로 만든다.

그 외에도 코르비나, 론디넬라, 몰리나라, 소량의 네그라라(Negrara)를 블렌딩하여 만드는 바르돌리노(Bardolino) 와인이 유명하며 바르돌리노 슈페리오레(Bardolino superiore)는 DOCG 와인 중 하나이다.

5) 리구리아(Liguria)

이탈리아 서북부 해안선을 따라 뻗어있는 리구리아는 급경사로 계단식으로 포도밭을 만들어 포도를 재배하고 있다. 이곳은 포도를 재배하기에 매우 어려운 여건을 가지고 있지만 이 지역만의 특성을 살려 개성있는 와인을 생산하고 있다.

이곳에서는 화이트 품종인 베르멘티노(Vermentio)가 유명한데, 이 품종은 기후나 토양에 따라 차이가 있지만, 보통 색깔은 초록빛이 도는 빛나는 담황색이며 향이 매우 진하고 섬세한 부케(Bouquet)를 지니고 있다. 맛은 드라이에서 스위트까지 다양하며 사르데냐(Sardegna)에서 생산되는 베르멘티노는 스위트하다.

6) 프리울리 베네치아 줄리아(Friuli-Venezia-Giulia)

이곳은 오스트리아와 슬로베니아의 국경과 접하고 있는 이탈리아의 북동쪽 제일 끝에 위치한 작은 지역이지만, 우수한 품질의 와인이 생산된다. 이곳의 화이트 와인은 세계적으로 유명하며, 최상급의 그라파를 생산하는 지역으로도 유명

하다.

토카이 프리울라노(Tocai Friulano), 리볼라 지알라(Ribolla Gialla), 베르두초(Verduzzo), 피콜리트(Picolit) 등과 같은 이곳의 토착품종과 샤르도네, 쇼비뇽 블랑, 피노 그리지오 등의 세계적으로 널리 재배되고 있는 품종도 재배되고 있다. 이곳의 화이트 와인은 오크통 숙성을 하지 않고 포도 자체의 향미를 강조한 스타일이 많다.

레드 품종으로는 메를로, 카베르네 프랑, 카베르네 쇼비뇽, 레포스코(Refosco), 스키오페티노(Schioppettino), 타첼렌게(Tazzelenghe) 등이 재배되고 있다. 이곳의 레드 와인은 메를로를 주품종으로 카베르네 쇼비뇽과 그 외 토착품종을 블렌딩하여 와인을 만든다.

이곳에서는 베르두초 품종으로 만든 스위트 와인인 라만돌로(Ramandolo) DOCG가 생산되며, 피콜리트로 만든 스위트 화이트 와인을 생산하는 콜리 오리엔탈리 델 프리울리 피콜리트(Colli Orientali del Friuli Picolit) DOCG가 생산된다.

대표적인 DOC 와인으로 콜리 오리엔탈리 델 프리울리(Colli Orientali del Friuli), 이손초(Isonzo), 프리울리 그라베(Friuli Grave), 프리울리 라티자나(Friuli Latisana) 등이 있다.

7) 트렌티노 알토 아디제(Trentino Alto Adigie)

알프스 산맥으로 둘러 싸인 이태리 최북단의 이 지역은 스위스와 오스트리아 국경에 맞닿아 있다. 남쪽의 트렌티노에서는 이탈리아어를 사용하고 있지만, 북쪽의 알토 아디제는 오스트리아의 아래쪽에 위치하고 있어 오스트리아의 영향을 받아 독일어를 사용한다. 따라서 와인 레이블에도 오스트리아식의 지명을 표기하기도 한다.

이 지역은 국제적인 화이트 품종으로 만든 화이트 와인으로 유명한데, 대표적인 화이트 품종은 샤르도네로 가장 많이 재배된다. 그리고 게뷔르츠트라미너의 조상으로 알려져 있는 트라미너(Traminer), 피노 그리지오, 뮐러 트르가우(Müller Thurgau) 등이 있다. 그리고 이곳의 토착품종으로 디저트 와인을 만드는데 주로 쓰이는 노쏠라(Nosiola)가 있다. 뿐만 아니라 이 지역의 토착 레드 품종으로는 테롤데고(Teroldego), 스키아바(Schiava), 마르체미노(Marzemino)가 유명하다.

트렌티노의 대표적 샴페인 방식의 스푸만테 와인인 '페라리(Ferrari)'가 이곳에서 생산되며, 이 외에 이태리 전체 스파클링 와인 생산의 40% 이상을 차지하는 대표적 스푸만테 산지이기도 하다.

8) 에밀리아 로마냐(Emilia Romagna)

이탈리아 북부에 위치하고 있으며 행정적으로 서쪽은 에밀리아로 동쪽은 로마냐로 나누어져 있다. 이 지역은 토양이 비옥하여 이탈리아 요리에서 빼놓을 수 없는 프로슈토 햄(Prosciutto di Parma), 발사믹 식초(Balsamic Vinegar), 파마산 치즈(Parmigiano-Reggiano cheese) 등으로 유명하다. 반면 와인은 그리 뛰어나지 않다. 이곳의 대표적인 와인은 람부르스코(Lambrusco)로 이 와인은 약간의 기포가 있으며, 약간의 산미와 함께 스위트 맛이 나는 와인으로 가볍게 즐길 수 있다.

이곳의 유일한 DOCG 와인인 알바나 디 로마냐(Albana di Romagna)는 알바나(Albana)로 만든 이탈리아 최초의 화이트 와인이다.

2. 중부지방

토스카나(Toscana), 움부리아(Umbria), 마르케(Marche), 라치오(Lazio), 라티움(Latium), 아브루쪼(Abruzzo), 몰리제(Molise) 등 6개 지역이 있다

1) 토스카나(Toscana)

이탈리아의 중서부에 위치하고 있으며 세계적인 관광명소인 피렌체(Firenze), 피사(Pisa), 씨에나(Siena) 등의 명소가 있는 곳이다. 이곳은 와인 법률의 개정과 와인메이커들의 인식 전환으로 '슈퍼 투스칸(Super Tuscans)'이라는 세계 최고의 와인을 탄생시킨 곳이기도 하다.

토스카나에는 총 6개의 DOCG 와인이 있는데, 먼저 이탈리아에서 가장 유명하며 우리에게도 친숙한 키안티(Chianti) DOCG와 키안티 클라시코(Chianti Classico)

DOCG 와인이 있다. 그리고 몬탈치노(Montalcino) 지역에서 생산되는 고품질 와인인 브루넬로 디 몬탈치노(Brunello di Montalcino) DOCG는 산지오베제(Sangiovege)의 클론인 브루넬로(Brunello)라는 품종으로 만들어 낸 최고의 와인이다. 그 외에 산지오베제를 주품종으로 카나이올로(Canaiolo) 및 몇 개의 품종을 블렌딩하여 만든 비노 노빌레 디 몬테풀치아노(Vino nobile di Montepulciano) DOCG가 있으며, 까르미냐노(Carmignano) DOCG 등의 와인이 있다.

화이트 와인으로는 베르나차(Vernaccia)를 주품종으로 한 베르나챠 디 산 지미냐노(Vernaccia di Sangimignano) DOCG 와인이 있다.

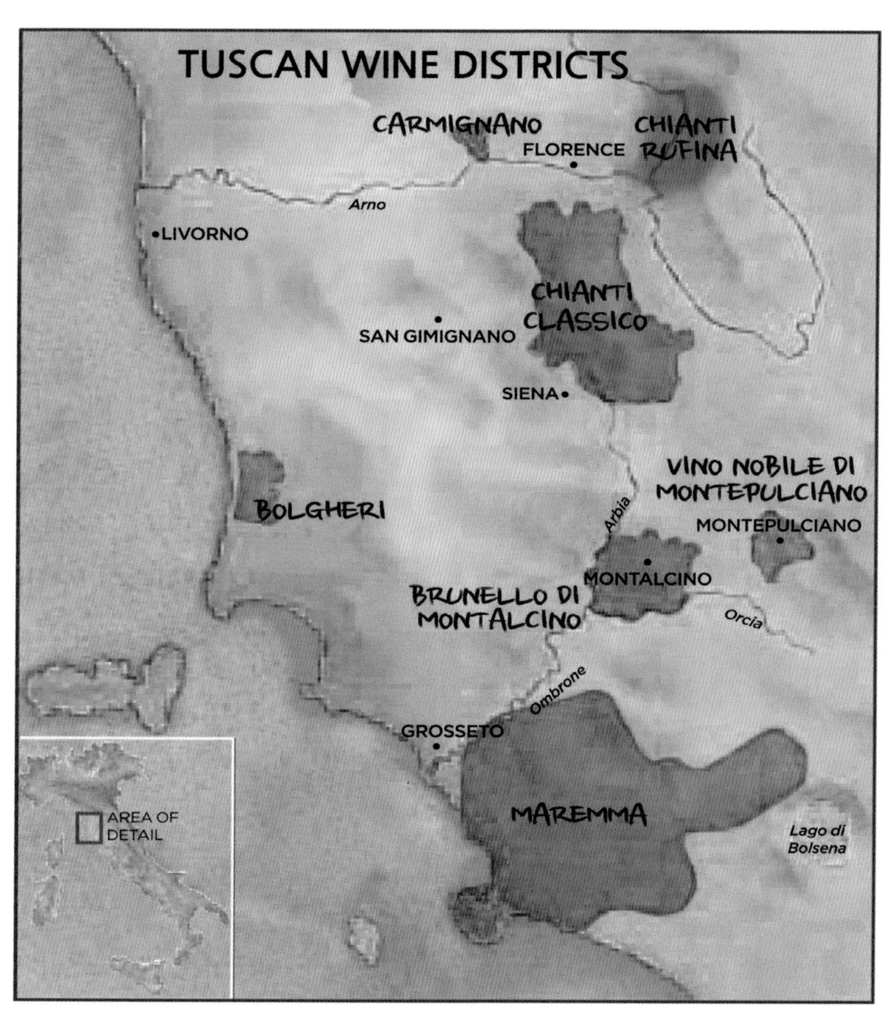

토스카나 와인산지

(1) 토스카나 포도품종

① 레드 품종

- 산지오베제(Sangiovege)
- 카나이올로(Canaiolo nero)
- 카베르네 쇼비뇽(Cabernet Sauvignon)
- 메를로(Merlot)

② 화이트 품종

- 말바지아(Malvasia)
- 트레비아노(Trebbiano)
- 베르나챠(Vernaccia)
- 샤르도네(Chardonnay)
- 쇼비뇽 블랑(Sauvignon Blanc)
- 알레아티코(Aleatico) : 그리스에서 유입된 품종

(2) 유명한 토스카나 DOCG

① 브루넬로 디 몬탈치노(Brunello di Montalcino)

브루넬로 디 몬탈치노는 토스카나 지역에서 가장 호평받고 있는 와인으로 장기 숙성이 가능하며 가격도 비싸다.

산지오베제의 클론인 브루넬로 품종 100%로 몬탈치노 지역에서 만든 와인으로, 와인 생산자인 페루초 비온디 산티(Ferruccio Biondi-Santi)가 1870년경 자신의 포도밭에 브루넬로를 심어 와인을 만든 것이 최초의 브루넬로 디 몬탈치노이다.

작황이 좋을 때 브루넬로 디 몬탈치노는 블랙베리와 블랙체리, 초콜릿, 제비꽃, 가죽 등의 복합미 넘치는 향을 내며, 타닌 함량이 많고 묵직하다.

법 규정상 브루넬로 디 몬탈치노의 숙성 기간은 다른 이탈리아 와인의 숙성 기간보다 길다. 숙성 기간 4년 중 2년을 오크통에서 숙성시켜야 하며, 리제르바는 5년 중 2년 반을 오크통에서 숙성시켜야 한다.

▲ 브루넬로 디 몬탈치노 와인

② 비노 노빌레 디 몬테풀치아노(Vino nobile di Montepulciano)

시에나 시에서 남동쪽에 위치하고 있는 몬테풀치아노 마을에서 만든 '노블(Nobile)' 와인이라는 뜻으로 귀족과 시인, 그리고 교황이 즐겨마셨다고 해서 '노블'이라는 단어가 붙게 되었다.

1980년에 DOCG로 승격된 와인으로, 사용되는 포도품종은 산지오베제의 변종인 프루뇰로 젠틸레(Prugnolo Gentile)를 주품종으로 카나이올로 네로(Canaiolo nero)가 소량 블렌딩되고, 그 이외에 말바지아, 트레비아노 등과 같은 기타 품종을 블렌딩하여 만든다. 보통 2년 이상 숙성시키며, 리제르바는 3년 이상 숙성시켜야 한다.

③ 키안티(Chianti)

키안티는 600년의 역사를 가지고 있으며, 약 300년에 걸쳐 와인을 수출한 세계적으로 명성이 높은 와인이다.

키안티는 산지오베제에 카나이올로를 블렌딩하여 화이트 품종인 말바지아나 트레비아노를 넣어 가볍게 마시는 와인이다.

1984년 키안티가 DOCG로 승격되면서 키안티에 대한 규정이 개정되어, 산지오베제가 75~100% 사용되며 약간의 카나이올로 네로(최고 10%까지), 트레비아노 혹은 말바지아 등 청포도(최고 10%)를 혼합할 수 있으며, 카베르네 쇼비뇽 같은 새로운 품종도 10%까지 넣을 수 있게 허가하였다.

키안티 와인은 드라이하며 약간의 타닌과 산미가 적절히 균형을 이루며, 숙성이 될수록 활력있는 루비색을 띠며, 섬세한 향미가 더해지고, 시간이 지남에 따라 부드러워진다. 6개월~1년 정도 숙성시키는 프레시하면서 가벼운 와인이다.

키안티는 콜리 아레티니(Colli Aretini), 콜리 피오렌티니(Colli Fiorentini), 콜리 세네지(Colli Senesi), 콜리 피자네(Colline Pisane), 몬탈바노(Montalbano), 루피나(Rufina), 몬테스페르톨리(Montespertoli)와 같이 7개의 소 생산지역이 있으며 레이블에는 그 중의 하나가 표시된다.

④ 키안티 클라시코(Chianti Classico)

키안티 클라시코는 키안티 지역 내의 특정 지역으로 지역에서 가장 오래 된 포도 생산지라고 할 수 있다.

1716년 이후 키안티 지역이 확장되면서 그 규모가 커지게 되었는데, 확장되기 전인 1716년 키안티 지역을 따로 분류하여 1932년에 키안티 클라시코로 이름을 변경하였다. 즉 키안티 클라시코는 키안티의 원조라고 할 수 있다.

키안티 클라시코는 포도원의 중앙 지역에서 생산된 양질의 포도로 만들어진다.

키안티 클라시코는 산지오베제 80% 이상 사용하며, 그 외 나머지는 이 지역에서 나오는 추천 품종을 블렌딩 할 수 있다.

이 와인은 병목의 레이블에 수탉 문양이 있는데, 이것은 이탈리아어로 '갈로 네로(Gallo Nero)'라고 한다. 이것은 키안티 클라시코 지역 와인생산자조합의 상징으로 최고급 품질임을 입증하는 표시이다.

▲ 키안티 클라시코 와인들

Tip

키안티 클라시코 병목의 수탉 '갈로 네로(Gallo Nero)' 이야기

▲ 병목에 검은 수탉이 새겨진 키안티 클라시코

키안티 클라시코 병목의 레이블에 붙어 있는 수탉 '갈로 네로(Gallo Nero)'에 얽힌 이야기를 소개한다. 13세기 피렌체와 시에나는 다른 지방 국가였으며, 이들의 중간에 위치한 키안티 클라시코 지역을 두고 치열한 전투를 했다. 지대가 높은 키안티 클라시코 지역은 전략적 요충지로 놓칠 수 없는 땅이었다. 그런데 주변국들의 침략에도 대적해야만 하는 난감한 상황이 되었고, 피렌체와 시에나 군사들은 매일 이어지는 전투에 지쳐 있었다. 따라서 더 싸우지 않고 전쟁을 끝낼 수 있는 방법으로 생각해 낸 것이 두 나라가 닭을 한 마리씩 준비했다가 다음 날 아침 닭이 먼저 우는 쪽이 이기는 것으로 하자는 것이었다. 두 나라 모두 그 생각에 동의하고는 닭을 준비했다. 시에나는 닭을 배불리 먹였고, 피렌체는 닭을 굶겨서 자게 했다. 결국 배가 고픈 닭이 먼저 일어나 울었고 승리는 피렌체로 돌아갔다.

드디어 평화가 찾아왔고, 이렇게 해서 까만 수탉은 평화의 상징이자 전장이었던 키안티 클라시코 와인을 의미하는 표식이 되었다.

⑤ 까르미냐노(Carmignano)

산지오베제 50% 이상과 카베르네 쇼비뇽 또는 카베르네 프랑을 10~20%까지 블렌딩할 수 있다. 그리고 트레비아노, 카나이올로 비안코, 말바지아 등과 같은 토착품종을 10% 이하로 블렌딩하여 만드는데 키안티에 비해 묵직하며 강한 스타일의 와인이다.

⑥ 베르나챠 디 산 지미냐노(Vernaccia di Sangimignano)

토스카나 주의 산 지미냐노 지방에서 베르나챠 품종으로 만든 드라이한 화이트 와인이다. 맑은 황금색을 띠며 섬세하고 예리한 향이 느껴지며 약간 쓴 맛이 느껴지며 산미는 그리 강하지 않아 균형이 잘 잡힌 고급와인이다.

▲ 베르나챠 디 산 지미냐노 와인

슈퍼 투스칸(Super Tuscans)

슈퍼 투스칸 와인은 마리오 인치자 델라 로케타(Marchesi Mario Incisa Della Rochetta)가 1944년 이탈리아 볼게리(Bolgheri) 지역에 자신이 좋아하는 스타일의 와인을 만들기 위해 카베르네 쇼비뇽, 메를로, 카베르네 프랑 등 보르도 품종을 들여와 양조하였다. 그런데 그 맛이 뛰어나 주변에 이 와인이 알려지게 되었고 그는 재배면적을 확장하게 된다. 1968년 사시카이아(Sassicais)가 첫 선을 보이게 되고 이 와인이 효시가 되어 슈퍼 투스칸이 탄생하게 되었다.

'슈퍼 투스칸'이라는 말은 기존의 토스카나 와인과는 다른 특이하고 기이하다는 의미의 '슈퍼(Super)'와 토스카나가 합쳐져서 만들어진 이름이다.

▲ 슈퍼 투스칸 사시카이아

슈퍼 투스칸 와인은 외래 품종을 제한하는 이탈리아 와인 규정으로 DOC 등급을 받지 못하고 IGT 등급을 받고 있다. 그러나 그 품질이 우수하여 사시카이아와 몇몇 와인들이 DOC 등급으로 승격되었다.

대표적인 슈퍼 투스칸 와인으로는 마세토(Masseto), 오르넬라이아(Ornellaia), 솔라이아(Solaia), 티냐넬로(Tignanello), 삼마르코(Sammarco), 비냐 달체오(Vigna d'Alceo), 시에피(Siepi), 페르카를로(Percarlo), 플라치아넬로 델라 피에베(Flaccianello della Pieve) 등이 있다.

2) 움브리아(Umbria)

움브리아는 이태리의 중앙에 위치하고 있으며 바다에 접하지 않은 지역이지만 큰 두 개의 호수 트라시메노(Trasimeno)와 볼세나(Bolsena)가 움브리아의 서쪽과 남쪽에 위치해 있다. 이 지역은 이탈리아 와인산지 중 가장 언덕이 많은 지역이다.

이 지역의 토양과 기후는 토스카나와 매우 흡사하며 포도밭이 언덕에 위치하고 있어서 낮과 밤의 기온차이로 인해 양질의 포도가 생산된다. 따라서 대부분의 레드 와인의 생산지역 명이 'Colli(언덕)'로 시작되는 것을 흔히 볼 수 있다.

이 지역에는 두 개의 DOCG 와인이 있는데, 먼저 '몬테팔코 사그란티노(Montefalco Sagrantino)'는 이 지역의 토착품종인 '사그란티노'로 만든 레드 와인으로 드라이한 세코(Secco)와 수확한 포도를 건조시켜 양조한 스위트한 파시토(Passito) 두 가지 종류의 와인을 생산하고 있다.

토르지아노 로쏘 리제르바(Torgiano Rosso Riserva)는 산지오베제를 주품종으로 다른 품종들을 블렌딩하여 만드는 레드 와인이다.

이러한 고급 레드 와인도 생산되지만, 움브리아 하면 떠오르는 가장 유명한 와인은 오르비에토(Orvieto)이다. 오르비에토 DOC는 트레비아노를 주품종으로 그 외에 말바지아, 그레케토(Grechetto) 등의 품종을 블렌딩하여 만든 화이트 와인이다. 과거에 오르비에토는 스위트 와인이었으나 현재는 드라이한 세코(Secco)와 세미 드라이의 아보카토(abboccato) 두 가지 타입으로 생산된다.

3) 마르케(Marche)

이탈리아 동부 아드리아해에 접해 있는 지역으로 레드와 화이트 와인 모두 생산한다. 이 지역을 대표하는 가장 유명한 화이트 와인은 베르디키오(Verdicchio)라는 품종으로 만든 베르디키오 데이 카스텔리 디 예지(Verdicchio dei Castelli di Jesi)이다. 그리고 대표적인 레드 와인으로는 몬테풀치아노로 만든 와인인 로쏘 코네로(Rosso Conero)가 있다.

4) 라치오(Lazio) 또는 라티움(Latium)

이곳은 로마제국 당시 와인산업의 중심지였다. 이 지역은 화이트 와인이 약 70%로 지배적이며, 레드와 로제 와인도 생산된다. 화이트 품종으로는 말바지아와 트레비아노가 주로 생산되며 쇼비뇽 블랑, 샤르도네, 비오니에 등도 생산된다. 레드 품종으로는 카베르네 쇼비뇽, 메를로, 시라, 카베르네 프랑, 산지오베제, 몬테풀치아노 등이 생산된다.

생산되는 유명한 화이트 와인으로 '에스트 에스트 에스트 디 몬테피아스코네(Est! Est! Est! Di Montefiascone)'가 있는데 이 와인은 몬테피아스코네 마을에서 생산되는 엷은 황색의 화이트 와인으로 중세에 주교를 위한 와인으로 유명하다. 이 와인은 트레비아노를 주품종으로 말바지아, 로세토(Rossetto)[1]를 블렌딩하여 만든다. 이 와인은 이름과 관련된 일화로 더욱 유명하다. 몇가지 일화가 있는데 그 중 가장 많이 알려진 일화를 소개하겠다.

1) 골덴 트레비아노라고도 부르며, 로세토는 이 지방에서 사용하는 호칭

'에스트 에스트 에스트 디 몬테피아스코네(Est! Est!! Est!!! Di Montefiascone)' 관련 일화

12세기 와인을 사랑한 주교가 교황의 즉위식에 참석하기 위해 로마로 떠나야 했다. 주교는 자신의 수행비서관을 시켜 긴 여정 중에 맛볼 수 있는 마을 최고의 와인들을 조사하도록 했고, 최고의 와인이 있는 여관문에 "Est"(It's) 라고 표시해 놓도록 했다. 수행비서관은 몬테피아스코네 마을에서 최고의 와인을 발견하게 되고, 그 맛에 감동하여 "Est! Est!! Est!!" 라 세번 표시해 두었다고 한다.

5) 아브루쪼(Abruzzo)와 몰리제(Molise)

이태리 중동부 아드리아해에 접해 있는 Abruzzo(아브루쪼)와 Molise(몰리제)는 와인산지의 규모가 작다. 몰리제는 한때 행정적으로 아브루쪼에 속해 있었지만 1980년대에 공식적으로 독립하였다.

아부르쪼의 몬테풀치아노 품종으로 만든 와인 몬테풀치아노 다브루쪼(Montepulciano d'Abruzzo)가 2003년 DOCG로 승격하면서 와인 산업이 활성화되었다. 몰리제는 농업이 주요 산업이며 와인산업도 발전하고 있다.

3. 남부지방

캄파니아(Campania), 풀리아(Pulia), 바질카타(Basilcata), 칼라브리아(Calabria), 사르데나(Sardena), 시칠리아(Sicilia) 등 6개의 지역이 있다.

1) 캄파니아(Campania)

이탈리아의 남서쪽에 티에리안(Tyrrhenian) 해에 접해 있으며 화산의 활동으로 높은 산과 언덕 사이에 평야가 자리잡고 있다. 옛날 그리스인들이 포도재배를 시작했던 곳으로 과거 그리스인들이 알리아니코(Aglianico), 피아노(Fiano), 그레코

(Greco) 세 품종을 들여온 곳이 캄파니아였으며 이 품종들은 화산재 토양에서 잘 자란다.

4개의 DOCG 와인이 있는데, 남부의 네비올로라 불리는 알리아니코로 만든 레드 와인 타우라지(Taurasi)와 로마인들에게 많은 사랑을 받았던 피아노로 만든 화이트 와인 피아노 디 아벨리노(Fiano di Avellino), 그레코로 만든 화이트 와인인 그레코 디 투포(Greco di Tufo), 알리아니코 델 타부르노(Aglianico del Taburno)가 있다.

2) 풀리아(Pulia)

동쪽은 아드리아해에, 서남부는 타나토 해협에 접하고 있는 이곳은 이탈리아 지도에서 장화의 뒤축에 해당되는 지역이다.

기원전 2000년부터 페니키아인들에 의해 포도가 재배되었다.

이탈리아의 와인 생산량에서 시칠리아와 1위의 자리를 놓고 다툴 정도로 생산량이 많다. 최근에는 양보다는 품질에 더 많은 비중을 두어 생산량은 감소하는 추세이다. 이곳의 대표적인 포도품종은 네그로 아마로(Negro Amaro), 우바 디 트로이아(Uva di Troia), 프리미티보(Primitivo)이다. 포도품종 중 프리미티보는 크로아티아가 원산지로 캘리포니아의 진판델과 이태리의 프리미티보가 같은 혈통인 것으로 밝혀진 바 있다.

이 지역은 무더운 날씨로 인한 강렬한 색과 알코올, 그리고 떫은 질감과 투박함이 느껴지는 와인을 주로 생산한다.

네그로 아마로 품종으로 만든 살리체 살렌티노(Salice Salentino)는 미국의 이탈리안 레스토랑에서 인기 있는 저가 와인으로 유명하다.

3) 바질카타(Basilcata)

기원전 6~7세기경에 그리스인들이 정착하면서 이 지역에서 알리아니코를 재배하였다.

바실리카타는 남부 지역이면서도 높은 고산지대로 몹시 추운 지역이다. 이 서늘한 고원 기후가 포도재배에 좋은 조건을 제공해줌으로써 기분 좋은 아로마와 향을 갖는 와인을 생산해 낸다.

이 지역을 대표하는 와인으로는 알리아니코 델 불투레(Aglianico del Vulture)가 있다. 이 와인은 알리아니코로 만든 레드 와인으로 남부 이탈리아에서 가장 뛰어난 레드 와인 중 하나로 인정받고 있다.

4) 칼라브리아(Calabria)

이탈리아 반도의 최남단에 있는 이 지역은 산악지대로 포도재배에 어려움이 있지만 훌륭한 와인을 생산해 낸다.

그 중 가장 유명한 와인은 갈리오포(Gaglioppo)라는 토착품종으로 만든 치로(Cirò) 와인이다. 이 와인은 미디엄 바디의 향신료 향이 나는 레드 와인이다.

5) 사르데나(Sardena)

이지역은 이태리 대륙에서 서쪽으로 동떨어진 섬으로 지중해에서 두 번째로 큰 섬이다. 역사적으로는 일찍이 이태리 본토보다 스페인 문화에 많은 영향을 받았으며 20세기 이후에는 시칠리아에 영향을 받았다.

최근에는 포도밭과 와인 생산량이 급격하게 감소했지만 양조법의 현대화로 인하여 와인의 일반적인 품질은 뛰어나게 개선되었다.

이 지역의 유일한 DOCG 와인은 베르만티노(Vermentino) 품종으로 만든 베르만티노 디 갈루라(Vermentino di Gallura)이다.

이곳의 DOC 와인은 레드 와인보다 화이트 와인이 더 많은 비율을 차지하며, 테이블 와인과 식후주로 마시는 스위트 와인 생산지로 유명하다.

6) 시칠리아(Sicilia)

기원전 800년 포도재배와 양조를 한 흔적이 남아 있는 이곳은 이탈리아의 풀리아와 함께 와인생산량으로 최고인 지역이다. 그러나 최근에는 생산량보다 품질 위주로 전환하고 있는 추세이다.

시칠리아의 와인에서 독보적인 것은 마르살라(Marsala)인데 이 와인은 주정 강화와인으로 18세기 말 영국의 상인 존 우드하우스가 셰리 와인과 포트 와인 가

격이 오르자 이를 대체하기 위해 시칠리아 와인에 여러 가지를 섞어 만든 것이 최초의 마르살라이다. 드라이 타입과 스위트 타입이 있으며 알코올 도수는 17~19%이다.

제 3 장 독일 와인

제1절 독일 와인의 개요

독일은 북위 50°로 와인 생산국 중 최북단에 위치해 있으며, 추운 날씨와 부족한 일조량으로 레드 와인을 생산하기에는 적절하지 않은 기후 조건을 가지고 있다. 그러나 이러한 기후 조건으로 인해 산미가 살아있는 세계 최고의 화이트 와인을 생산하고 있다.

과거에는 화이트 와인 생산량이 전체 생산량의 80% 이상을 차지하였으나, 프렌치 패러독스 이후 생산량이 약 60%까지 줄었으며, 레드 와인의 생산량이 증가하였다.[1)]

독일에서 재배되는 포도품종은 약 100여종이며, 그 중 리슬링과 뮐러 투르가우(Müller-Thrugau)가 독일 전체 포도재배지의 43%를 차지하는 주요 재배 품종이다.[2)]

독일은 부족한 일조량으로 인해 햇빛을 반사하는 강가의 경사도가 높은 남향의 언덕에 포도밭을 조성하고 있다. 일조량이 부족한 만큼 포도의 당분 함량이 높지 않다. 따라서 인위적으로 당을 첨가 해주는 보당 작업을 하는데, 포도주스에 설탕을 넣은 후 발효시키는 방법과 발효가 끝난 와인에 '쥐스레제르베

1) 김준철(2012). 와인. 백산출판사: 서울, p264.
2) 독일와인협회 공식홈페이지(2013). http://www.germanwines.de/icc/Internet-EN/nav/796/79620c41-2768-a401-be59-26461d7937aa

(Süssreserve)'[3]를 넣어서 당도를 높여주는 방법이 있다. 그러나 일정 등급 이상의 고급 와인에는 이러한 보당을 법적으로 금지하고 있다.

독일의 13개의 와인 생산지 중 대표적인 지역은 라인가우(Rheingau), 모젤 (Mosel), 라인헤센(Rheinhessen), 그리고 팔츠(Pfalz) 등이다.

제2절 독일와인 품질체계

1. 독일 와인 등급 체계

유럽연합(EU)의 와인법에 의해 테이블 와인(Table Wine)과 품질 와인(Quality wine) 두 개로 분류하고 있다. 테이블 와인에는 과거 타펠바인(Tafelwein)으로 불리었던 '도이취 바인(Deutscher Wein)'과 '도이취 란트바인(Deutscher Landwein)'이 이에 속하며, 품질 와인에는 '크발리테츠바인 베쉬팀터 안바우게비터(Qualitätswein bestimmter Anbaugebiete, QbA)'와 '크발리테츠바인 미트 프래디카트(Qualitatswein mit Prädikat, QmP)'가 있다.

와인의 품질을 분류하는 가장 핵심적인 요인은 수확할 때의 '포도의 익은 정도'이다. 즉 포도의 성숙도(당도)에 따라 등급을 매기고 그 기준은 지역과 품종에 따라 다르다.[4]

드라이 와인의 경우, 과거 사용되던 '트로켄(Trocken)'[5], '할프트로켄(Halbtrocken)'[6]을 대신하여 2000년 빈티지부터 적용되는 고급 드라이 와인에 대한 새로운 등급이 도입되었다.

3) 포도 과즙의 일부를 살균처리하여 탄산가스와 함께 저장해 두었다가 병입 직전의 와인에 사용한다. 이를 통해 신맛과 단맛이 조화로운 화이트 와인을 만들 수 있다.
4) 김준철(2012). 와인. 백산출판사: 서울, 267.
5) 드라이(Dry)를 의미한다.
6) 미디엄 드라이(Medium Dry)를 의미한다.

1) 테이블 와인(Table Wine)

(1) 도이취 바인(Deutscher Wein) : 당도 44~50° Oechsle

과거 타펠바인(Tafelwein)으로 불렸던 등급으로 2009년 8월 1일 이후로 레이블에 포도품종을 명시하는 것이 허용되었다. 구체적인 내용은 아래와 같다.

- 독일에서 법적으로 허용된 포도품종으로 만들어야 한다.
- 바덴 지역을 제외한 독일의 모든 와인 생산지역(A 지역)의 경우 자연적 상태에서의 최소 알코올 도수는 5%로 발효되지 않은 포도즙인 머스트(Must)에 포함되어 있는 최소 당분 함량이 44° 오슬레(Oechsle)[7]이어야 한다. 그리고 바덴 지역(B 지역)은 최소 알코올 도수가 6%, 머스트의 최소 당분 함량이 50° 오슬레(Oechsle)이어야 한다.
- A와 B 지역, 모든 지역에서 최종적으로 와인을 만들었을 때 최소 알코올 도수는 8.5%이어야 한다. 그리고 최종 산도는 최소 1L당 4.5g이 되어야 한다.
- 발효 전에 보당이 가능하다.

(2) 도이취 란트바인(Deutscher Landwein) : 당도 47~53°Oechsle

도이취 바인의 상위 등급으로 1982년에 만들어진 등급이며 아래와 같은 기준을 만족해야 한다.

- 독일에서 법적으로 지정한 19개의 '란트바인' 지역에서 생산되는 포도품종으로 만들어야 하며, 지역을 레이블에 꼭 명시해야만 한다.
- 잔당이 1L당 9g 이하인 트로켄(trocken) 또는 잔당이 1L당 18g 이하인 할프트로켄(halbtrocken)으로 만들어져야 한다.
- 보당이 가능한데, EU 와인법에 따르면 A 지역에서는 1L당 28g의 보당이 가능하며, B 지역은 1L당 20g의 보당이 가능하다.

7) 브릭스(Brix)와 같이 포도 당분 함량의 단위로 물 100g 안에 들어있는 당도를 말한다. 주로 독일에서 많이 사용된다.

2) 품질 와인(Quality Wine)

품질 와인은 크게 두 개의 등급으로 분류되며, 품질 관리 시험의 대상으로 레이블에 품질관리번호(A.P.Nr.)가 표기된다.

(1) 크발리테츠바인 베쉬팀터 안바우게비터(Qualitätswein bestimmter Anbaugebiete, QbA) : 당도 50~72° Oechsle

특정 지역에서 생산되는 고급와인이라는 의미를 가지고 있으며, 13개의 특정 지역에서 생산되어야 한다. 아래의 기준을 만족해야 한다.

- 법적으로 지정한 13개의 안바우게비터(Anbaugebiete) 지역[8]에서 생산되는 포도품종으로 만들어야 하며, 지역을 레이블에 꼭 명시해야만 한다.
- 자연적 상태에서 51~72° 오슬레에 해당되는 알코올 함유량을 지니고 있어야 한다. (지역과 품종에 따라 다름)
- 최소 알코올 도수는 7%이다.
- 발효 전 보당이 가능하다.

(2) 크발리테츠바인 미트 프래디카트(Qualitatswein mit Prädikat, QmP)

이 등급은 포도의 익은 정도에 따라 다시 6개의 세부 등급으로 나뉘며, 이를 레이블에 명시해야만 한다. 아래에 제시한 규정을 기본으로 등급에 따라 규정이 추가된다.

- 법적으로 지정한 13개의 베라이히(Bereich) 지역[9]에서 생산되는 포도품종으로 만들어야 하며, 지역을 레이블에 꼭 명시해야만 한다.
- 와인의 특성, 품종, 지역에 따라 규정된 알코올 함유량을 지니고 있어야 한다.
- 최소 알코올 도수는 7%이며 베렌아우스레제, 트로켄베렌아우스레제, 그리고 아이스바인의 경우 최소 알코올 도수는 5.5%이다.
- 보당이 금지되어 있다.

8) 가장 큰 와인산지의 단위로 영어로는 Region에 해당된다.
9) 와인을 생산하는 마을 또는 지역을 의미하며 영어로는 District에 해당된다.

① 카비네트(Kabinett) : 당도 67~82° Oechsle

충분히 익은 포도로 만들며, 가볍고 알코올 도수가 낮은 와인을 만들어 낸다.

② 슈패트레제(Spätlese) : 당도 76~90° Oechsle

'늦 수확'의 의미로 정상적인 수확기보다 늦게 수확한 포도로 만든다. 일반적으로 스위트한 와인을 만들어 내지만, 꼭 스위트할 필요는 없다. 최근에는 드라이한 와인이 생산되고 있다.

③ 아우스레제(Auslese) : 당도 83~100° Oechsle

'선별 수확'의 의미로 잘 익은 포도송이를 선별해서 만든 와인이다. 일반적으로 스위트한 와인을 만들지만 꼭 스위트하지만은 않다.

④ 베렌아우스레제(Beerenauslese, BA) : 당도 110~128° Oechsle

'포도 알을 선별 수확한다'는 의미로 일반적으로 보트리티스 시네레아(Botrytis cinerea)에 의해 감염된 포도로 만든다. 뛰어난 풍미의 스위트 디저트 와인으로 오랜 기간 저장이 가능하다.

⑤ 아이스바인(Eiswein) : 당도 110~128° Oechsle

베렌아우스레제를 만드는 포도만큼 잘 익은 포도로 만든다. 그러나 포도가 언 상태에서 수확되고 착즙하여 만든다. 과일의 상큼한 산미와 당도가 균형을 이루어 뛰어난 풍미의 와인을 만들어 낸다.

⑥ 트로켄베렌아우스레제(Trockenbeerenauslese, TBA) : 당도 150~154° Oechsle

과숙한 포도를 하나하나 선별하여 만든 와인으로 보통 거의 건포도에 가까운 귀부 포도로 만든다. 꿀과 같이 스위트한 와인으로 장기간 보관이 가능하다.

드라이 와인 등급(2000년 지정)

■ 클라식(Classic)

지정된 13개의 지역에 해당되는 곳에서 재배되어야만 한다.

클라식 와인은 쉽게 알아볼 수 있도록 포도품종의 이름 옆에 '클라식(Classic)' 로고가 표시되어 있다. 레이블에 생산자의 이름과 각 주에서 정한 지명, 빈티지를 표기해야 하지만, 마을 명칭과 포도밭 명칭은 표기하지 않는다. 포도품종은 전통적인 각 지역의 특징을 대표할 수 있는 단일품종을 원칙으로 하지만, 뷔르템베르크의 트롤링거(Nrollinger)와 렘베이거(Lamberger) 블렌딩은 예외로 한다. 최소 알코올 도수는 12%이다. 그러나 모젤지역은 11.5%이며, 잔당은 1.5% 이하로 한다.

■ 셀렉션(selection)

지정된 13개의 지역의 단일 포도밭에서 손수확한 포도로 만들어야 하며, 포도밭 명이 레이블에 표기되어야 한다. 그 외에 생산지역, 빈티지, 셀렉션 로고가 표시된다. 전통적인 각 지역의 특징을 대표하는 단일품종을 원칙으로 한다.

최소 알코올 도수는 12.2%이며, 수율은 6,000L/ha 이하, 잔당은 0.9%이하이어야 한다.

잔당의 양은 산 함량의 2배이지만 리슬링의 경우 산 함량의 1.5배가 될 수 있다. 그러나 잔당은 1.2% 이하로 한다.

독일의 스파클링 와인 '젝트(Sekt)'

▲ 헨켈 젝트

독일의 스파클링 와인을 젝트(Sekt)라고 한다. 저가의 젝트 와인은 거품을 만드는 2차 발효가 탱크에서 이뤄지는 반면, 고가의 젝트는 병에서 2차 발효를 하는 전통적인 샴페인 방식으로 이뤄진다. 저가의 젝트는 공장에서 대량 생산되는 반면, 고가의 젝트는 소규모의 양조장에서 소량 생산된다.

제3절 독일 포도품종

현재 실제로 재배되고 있는 포도품종은 약 100여종이며, 그 중 약 24종이 상업성 있는 주요 품종이다.

1. 레드 품종

- **슈패트부르군더(Spätburgunder)** : 프랑스의 피노 누아와 같은 품종으로 독일 최고의 레드 와인을 생산한다. 과일 향의 아로마를 지닌 가볍고 산뜻한 와인을 만든다. 최고급의 경우 흙냄새와 스파이시한 향을 지닌 와인을 생산해낸다.
- **포르투기저(Portugieser)** : 포르투갈과 관계없이 오스트리아가 원산지이며, 일반적으로 가벼운 스타일의 와인을 만든다.
- **도른펠더(Dornfelder)** : 1955년에 뷔르템베르그(Würtemberg)에서 개발된 품종으로 다른 독일의 레드 품종에 비해 짙은 적색을 띠고 있어 레드 와인에 색을 부여할 때 블렌딩용으로 사용되기도 하며, 그 자체로도 적절한 타닌과 산

미가 있는 향기롭고 풀 바디한 복합미가 있는 와인을 만들어 낸다.[10)]

- 트롤링거(Trollinger) : 이 품종은 역사가 오래된 품종으로, 이탈리아에서는 스키아바(Schiava)로 알려진 품종이다. 과일 향의 산미가 살아있는 가벼운 와인을 만들어 낸다.

2. 화이트 품종

- 리슬링(Riesling) : 독일에서 최고의 화이트 와인을 만드는 품종으로 독일에서 가장 많이 재배되고 있다. 다른 품종과 비교했을 때 서리에 견디는 내성이 강해 독일의 기후에 잘 맞는 품종이다. 특히 모젤, 라인가우, 그리고 미텔라인에서 많이 재배되고 있다.
- 뮐러 투르가우(Müller-Thrugau = 리바너(Rivaner): 독일에서 많이 재배되고 있는 품종 중 하나로, 과거 리슬링과 실바너의 교배종으로 알려졌으나, 리슬링과 구테델(Gutedel)이 교배된 것으로 밝혀졌다.[11)] 1882년 독일의 가이젠하임(Geisenheim)연구소에서 투르가우 출신의 뮐러박사에 의해 개발되었다. 독일의 인기 와인인 립프라우밀히(Liebfraumilch)[12)]를 만드는 주요 품종으로 사용된다. 이 품종은 산도가 약하고 맛이 덤덤하여 다른 품종과 블렌딩하는 데 주로 쓰인다.
- 실바너(Silvaner) : 가볍고 낮은 산미에 부드러운 맛을 내며, 중성적인 부케향을 지니고 있는 오랜 전통을 가진 품종이다.
- 게뷔르츠트라미너(Gewürztraminer) : 프랑스 알자스, 독일 라인, 오스트리아 서부, 이탈리아 북부 등의 산악지대에서 주로 재배되며, 개성이 뚜렷해 사람마다 호불호가 나뉘는 품종이다. 고급 와인을 만든다.
- 그라우부르군더(Grauburgunder) : 프랑스의 피노 그리(Pinot Gris)와 같은 품종으로 룰랜더(Ruländer)로 표기되기도 한다. 당도가 높고, 부드러우면서도

10) 독일와인협회 공식홈페이지(2013). http://www.germanwines.de/icc/Internet-EN/nav/796/79620c41-2768-a401-be59-26461d7937aa
11) 독일와인협회 공식홈페이지(2013). http://www.germanwines.de/icc/Internet-EN/nav/796/79620c41-2768-a401-be59-26461d7937aa
12) 리슬링 중 완숙된 최상품만을 골라 양조되는 단맛의 고급 독일 와인을 말한다.

바디가 있는 와인을 만든다.

- 쇼이레베(Scheurebe) : 실바너와 리슬링의 교배종으로 팔츠 등의 좋은 포도원에서 최고 품질의 와인을 만든다.
- 케르너(Kerner) : 리슬링과 트롤링거 교배종으로 신품종이다. 1970년대부터 라인헤센과 팔츠에서 재배하기 시작한 품종이다. 이 품종은 당도가 높으므로 당분을 보충하지 않는 QmP 등급의 와인에 자주 이용된다.
- 구테델(Gutedel)
- 엘블링(Elbling)
- 트라미너(Traminer)
- 바이스부르군더(Wei ß burgunder)
- 바쿠스(Bacchus)

제4절 독일 와인산지

1. 아르(Ahr)

독일의 와인산지 중 최북단에 위치해 있으며, 본(Bonn) 남쪽에서 라인강으로 합류하는 아르 강을 따라 비탈진 산에 포도밭이 형성되어 있다. 이 지역은 레드 와인을 주로 생산하는데, 슈페트부르군더가 대부분을 차지한다. 그 외에도 포르투기저와 도른펠더가 재배되며, 화이트 품종으로는 리슬링과 뮐러 투르가우가 재배된다.

2. 바덴(Baden)

독일의 와인산지 중 최남단에 위치해 있으며, 라인강과 블랙포리스트(Black Forest)[13) 사이의 언덕에 포도밭이 형성되어 있다. 이 지역은 슈패트부르군더 품종이 약 50% 재배되며, 이 품종으로 레드 와인과 로제 와인인 바이스헤르프스트(Weissherbst)을 만든다. 그리고 그라우부르군더 품종으로는 드라이한 와인부터 약간 스위트한 와인까지 다양한 스타일의 와인을 만든다.

3. 프랑켄(Franken)

라인가우의 동쪽에 위치한 프랑켄은 대부분 비탈진 언덕에 포도밭이 위치해 있다. 이 지역은 겨울이 추우며, 강수량이 많아서 만생종인 리슬링은 재배하기 힘들며, 뮐러 투르가우, 실바너, 그리고 바쿠스와 케르너 등의 화이트 품종이 잘 자란다.

프랑켄 와인은 전통적으로 복스보이텔(Bocksbeutel)이라는 초록색 또는 갈색의 둥근 모양의 목이 가는 병에 담아 판매된다.

13) 바덴에 있는 숲으로 로마인들에 의해 '검은 숲'의 의미를 가진 '블랙포리스트(Black Forest)'라는 이름이 지어졌다.

4. 헤시셰 베르크슈트라세(Hessische Bergstrasse)

아주 작은 지역으로 비탈진 언덕에 포도밭들이 여기저기 형성되어 있다. 리슬링과 뮐러 투르가우가 이 지역의 2/3를 차지한다. 와인 생산량은 독일 전체의 0.4%를 차지하지만 생산된 와인의 40%가 QmP 와인으로 좋은 와인을 생산한다.[14]

5. 미텔라인(Mittelrhein)

본(Bonn)과 빙겐(Bingen) 사이의 라인 계곡에 위치하고 있다.

리슬링이 이 지역 포도밭의 3/4을 차지하며, 뮐러 투르가우가 소량 생산된다. 슈패트부르군더로 만든 레드 와인도 생산되지만 주로 화이트 와인이 생산된다. 드라이한 타입의 와인이 주를 이루며, 스파클링 와인인 젝트(Sekt)도 생산된다.

6. 모젤(Mosel)

과거 모젤 자르 루베르(Mosel-Saar-Ruwer)로 불렸으나, 2007년에 와인법이 개정되면서 '모젤(Mosel)'로 지명이 변경되었다. 이 지역은 모젤과 자르 그리고 루버 지역을 하나의 산지로 명명하고 분류하고 있다.[15] 모젤의 포도밭은 독일에서 가장 가파른 곳의 남향에 위치해 있다. 이로 인해 일조량이 적당하게 유지될 수 있는 것이다.

독일 전체 와인의 약 15%에 해당하는 와인을 생산하는 지역으로 주로 화이트 와인을 생산한다. 이 지역의 주품종은 리슬링으로 과일의 풍미가 매력적인 생기 있는 와인을 생산해 낸다.

모젤의 훌륭한 와인을 생산하는 마을은 베른카스텔(Bernkastel), 피스포르트(Piesport), 브라우네베르크(Braunberg), 벨렌(Wehlen) 등이 있다. 모젤 지역의 와

14) 원홍석 · 전현모 · 권지영(2012). 와인과 소믈리에. 백산출판사: 서울, p. 223.
15) 조영현(2012). 더 와인. 백산출판사: 서울, p. 281.

인은 타 지역과 달리 목이 긴 초록색 병을 사용하여 쉽게 구분할 수 있다.[16]

모젤의 유명 와인으로는 '베른카스텔 독토르(Bernkasteler-Doktor)'가 있다.

'베른카스텔 독토르(Bernkasteler-Doktor)' 관련 일화

모젤의 트리어(Trier) 지역 대주교가 관할지역인 베른카스텔 마을을 방문하던 중에 독감에 걸렸다. 몇 개월이 지나도 병이 나아질 기미가 보이지 않았다. 이 소식을 전해들은 인근의 와인 생산자가 자신이 만든 와인을 가지고 대주교를 찾았고, 이 와인을 마신 대주교는 깊은 잠에 빠져 긴 숙면을 취한 뒤 깨어났다. 그 이후 병세가 호전되었으며, 그 다음 날에는 완전히 회복되었다. 대주교는 그 와인이 생산된 포도밭에 의사라는 칭호를 붙여 "베른카스텔 독토르"라 명명하였다.

7. 나헤(Nahe)

나헤의 동쪽의 라인헤센과 서쪽의 모젤 사이에 위치해 있다. 이 지역은 화산토, 슬레이트, 진흙, 돌과 같은 다양한 토양을 가지고 있어 몇 안 되는 포도품종으로 비교적 다양한 와인을 생산해 낸다. 주품종으로는 리슬링과 뮐러 투르가우로 화이트 와인이 대부분이지만, 최근 레드 와인의 수요가 급증함에 따라 나헤 지역에서도 레드 와인의 생산이 증가하고 있는 추세이다.

16) 서한정(2004). 『서한정의 와인가이드』, 그랑벵코리아, p. 69

8. 팔츠(Pfalz)

팔츠의 남서부 지역은 프랑스와, 북부 지역은 라인헤센과 맞닿아 있다. 이 지역은 독일의 와인 생산지 중 두 번째로 포도재배 면적이 넓다. 이 지역은 독창적인 와인을 생산해 내는 곳으로 유명하다. 이 지역은 일조량이 풍부하여 포도가 잘 익는다. 따라서 아우스레제, 베렌아우스레제, 트로켄베렌아우스레제 등의 와인이 많이 생산된다. 또한 립프라우밀히(Liebfraumilch)를 생산하는 지역으로 유명하다.

화이트 품종으로는 리슬링, 도른펠더, 뮐러 투르가우, 케르너, 실바너, 쇼이레베 등이 재배되며, 레드 품종으로는 슈페트부르군더(Spätburgunder), 레겐트(Regent), 둔켈펠더(Dunkelfelder) 등이 재배된다.

9. 라인가우(Rheingau)

라인가우는 전 세계에서 가장 뛰어난 와인 생산지 중 하나이다.

이 지역은 일조량이 많아서 QmP 등급에 포함되는 다양한 종류의 와인들이 생산된다. 이 지역은 슈패트레제, 아우스레제 등의 늦 수확의 가치를 처음으로 발견한 곳이며, 리슬링을 세계에 알린 근원지이기도 하다.

라인가우의 주요 품종은 리슬링과 슈패트부르군더이다. 이곳의 리슬링은 대부분 과일의 향이 풍부하고 산미가 두드러지는 우아한 와인을 만들지만 때로는 스파이시한 향이 나는 와인도 생산된다. 슈패트부르군더로 만든 레드 와인은 미디엄에서 풀 바디한 블랙베리의 풍미가 나는 특징이 있다.

오늘날 전 세계 와인 산업에 있어 최고 수준의 기술력을 자랑하는 독일이 있기까지에는 가이젠하임(Geisenwheim)의 교육기관과 세계적인 포도 양조 연구소의 역할이 컸다고 할 수 있다.

10. 라인헤센(Rheinhessen)

독일의 와인 생산지 중 가장 면적이 넓은 지역으로 유명한 립프라우밀히가 처음으로 탄생한 곳이며, 립프라우밀히 와인의 60% 이상을 이곳에서 생산한다.[17)]

토양이 다양하고 기후가 좋아 많은 종류의 품종들이 잘 재배된다. 주로 화이트 와인이 많이 생산되며, 레드 와인도 생산된다.

사실상 아로마가 풍부한 조생종의 새로운 교배종들이 라인헤센의 게오르그 쇼이(Georg Scheu) 교수에 의해 탄생했으며, 그의 이름을 따서 쇼이레베(Scheurebe) 품종의 이름을 명명하기도 하였다.[18)]

라인헤센 와인은 미디엄 바디의 부드러운 풍미의 마시기 편한 특징을 가지고 있다. 뿐만 아니라 깊고 복합미 넘치는 우아한 고급 와인 역시 생산된다.

11. 자알레 운스트루트(Saale-Unstrut)

작센과 함께 독일 와인산지 가운데 최북단에 자리 잡고 있다. 뮐러 투르가우,

17) 김준철(2012). 와인. 백산출판사: 서울, p 275.
18) 독일와인협회 공식홈페이지(2013). http://www.germanwines.de/icc/Internet-EN/nav/796/79620c41-2768-a401-be59-26461d7937aa

바이스부르군더, 실바너 등이 주로 재배된다. 이곳에서는 주로 드라이 와인이 생산된다.

12. 작센(Sachsen)

독일의 와인산지 중 동쪽 끝에 위치하고 있으며, 포도재배 면적이 가장 작은 지역이다. 뮐러 투르가우가 잘 자라며 그 외에 리슬링, 바이스부르군더도 재배된다. 화이트 와인이 대부분이며, 레드 와인은 소량 생산된다.

13. 뷔르템베르크(Württemberg)

뷔르템베르크는 독일에서 가장 큰 레드 와인 생산지로 약 70%가 레드 와인이다. 주요 레드 품종으로는 트롤링거, 슈바르츠리슬링(Schwarzriesling), 렘베르거(Lemberger) 등이 있다. 대부분의 와인이 가볍고 과일 향이 풍부한 편하게 마실 수 있는 와인을 생산하며, 진한 색의 풀 바디한 레드 와인도 생산한다.

이 지역의 약 25%가 리슬링이 재배되며, 그 다음으로 케르너, 뮐러 투르가우 등이 재배된다.

제 4 장 미국 와인

제1절 미국 와인의 개요

미국은 유럽 와인보다 가격은 저렴하고 품질은 우수한 와인들을 생산해 내고 있다.

미국의 와인 생산량은 세계 4위이며, 소비량은 3위로서 짧은 와인의 역사에 비해 눈부신 성장을 거두었다.

이러한 성장의 발판이 된 '파리의 심판' 사건은 와인의 역사상 길이 남을만한 역사적 대형사건이었다. 이는 "저가의 품질이 좋지 않은 미국 와인"이라는 소비자들의 인식을 한 순간에 전환시키는 계기가 되었다.

미국에서 재배되는 포도품종은 100여개이며, 이 중 주요 품종은 샤르도네, 카베르네 쇼비뇽, 메를로, 쇼비뇽 블랑, 진판델 등이 있다.

미국 와인의 주 생산지역은 캘리포니아로서 "미국 와인은 곧 캘리포니아 와인"이라고 할 만큼 미국 와인의 대부분이 캘리포니아에서 생산된다.

캘리포니아 외에 오리건, 워싱턴, 뉴욕 등에서도 와인이 생산되고 있지만 생산량과 품질면에서 많이 뒤쳐진다. 캘리포니아 와인에 대한 수요는 전 세계적으로 꾸준히 증가하고 있는 추세이다.

미국 와인의 역사적 사건 '파리의 심판(The Judgment of Paris)'

파리의 심판은 "와인 미라클(Bottle Shock)" 영화로 제작될 정도로 미국 와인 역사 상 중대한 사건이다.

1976년 5월 26일 영국인 스티븐 스퍼리어(Steven Spurrier)에 의해 프랑스 파리에서 '블라인드 테이스팅 대회'가 개최되었다. 이 대회는 프랑스 그랑크뤼 급의 고급 와인과 그 당시 잘 알려지지 않았던 캘리포니아 와인의 대결이었다.

대결을 위해 9명의 저명한 프랑스 와인 전문가들이 블라인드 테이스팅에 참여했고 그 결과는 실로 놀라웠다.

▲ 샤토 몬텔레나

레드 와인 부문에서는 '스택스 립 와인 셀라 1973'(Stag's Leap Wine Cellars 1973)가 1위를, 화이트 와인 부문에서는 '샤토 몬텔레나 1973(Château Montelena 1973)'이 1위를 차지하였다. 이 사건이 미국 타임지에 실리게 되면서 사람들에게 알려졌고, 그때 기사 제목이 'The Judgement of Paris'였으며 그 이후 이 사건은 파리의 심판으로 불리어지고 있다.

30년의 세월이 흐른 후, 2006년에 다시 1976년 파리의 심판과 같이 그때 출품되었던 동일한 와인들로 블라인드 테이스팅 대회를 열었다. 그 결과 완벽한 캘리포니아 와인의 압승으로 끝이 났고, 캘리포니아 와인의 숙성력 역시 입증되는 순간이었다.

〈 1976년 대회 결과 – 레드 와인 부문 〉

1위	Stag's Leap Wine Cellars /1973 (미국)
2위	Ch. Mouton-Rothschild /1970 (프랑스)
3위	Ch. Haut-Brion /1970 (프랑스)
4위	Ch. Montrose /1970 (프랑스)
5위	Ridge Monte Bello /1971 (미국)
6위	Ch. Leoville-Las-Cases /1971 (프랑스)
7위	Mayacamas /1971 (미국)
8위	Clos du Val /1972 (미국)
9위	Heitz Martha's Vineyard /1970 (미국)
10위	Freemark Abbey /1967 (미국)

〈 2006년 대회 결과 – 레드 와인 부문 〉

1위	Ridge Monte Bello /1971 (미국)
2위	Stag's Leap Wine Cellars /1973 (미국)
3위	Heitz Martha's Vineyard /1970 (미국)
4위	Mayacamas /1971 (미국-공동 3위)
5위	Clos du Val /1972 (미국)
6위	Ch. Mouton-Rothschild /1970 (프랑스)
7위	Ch. Montrose /1970 (프랑스)
8위	Ch. Haut-Brion /1970 (프랑스)
9위	Ch. Leoville-Las-Cases /1971 (프랑스)
10위	Freemark Abbey /1967 (미국)

제2절 미국 와인 품질체계

1. 미국 와인 관련 법 체계

1983년 1월 1일부터 '미국 공식 인증 전문포도재배지역(American Viticultural Area, AVA)' 제도가 시행되기 시작했다. AVA로 지정된다는 것은 그 지역에서 생

산되는 와인의 품질을 인증하는 것이 아니라 구분되어진 지역들이 각각 서로 다르다라는 것을 의미한다. 또한 와인을 생산하는 방법, 재배방법, 품종 등에 대한 규정이 없으며, 와인 생산자 자신이 정한 품질 기준에 따라 소비자의 요구를 반영하여 자율적으로 만든다. 단, 보당, 농약의 사용, 생산공정의 위생관리 등은 엄격하게 법으로 규제하고 있다.

미국에서 와인의 원산지는 아래의 지명 중 하나를 사용하게 된다.

1) 원산지 표기법

(1) 주(州) 이름 표시

주 이름을 표시할 경우(예 : 캘리포니아) 해당 주에서 생산된 포도 75% 이상을 사용해야만 한다. 단, 텍사스에서는 85% 이상 사용해야 하며, 캘리포니아의 경우 100%가 캘리포니아 주 내에서 생산된 것이어야 한다.

(2) 카운티(County) 이름 표시

카운티 이름을 표시할 경우(예 : 소노마) 해당 카운티에서 생산된 포도 75% 이상을 사용해야만 한다. 두 개 또는 그 이상의 카운티가 원산지로 표시되는 경우, 각 카운티가 차지하는 비율이 함께 표시되어야 하며, 포도는 각각의 카운티에서 100% 생산된 것이어야 한다.[1]

(3) AVA 이름 표시

AVA 이름 표시할 경우(예 : 나파 밸리) 해당 AVA에서 생산된 포도 85% 이상을 사용해야만 한다. 현재 미국에서는 총 157개의 지역이 AVA로 공식 인증되어 있으며, 캘리포니아 주 내에 위치한 AVA는 총 94개이다.[2]

2) 포도품종 표기법

레이블에 포도품종을 표기할 경우 해당 품종의 비율이 75% 이상이어야 한다.

1) 캘리포니아 와인 협회 공식홈페이지(2013). http://www.wineinstitute.co.kr/information/label2.asp
2) 캘리포니아 와인 협회 공식홈페이지(2013). http://www.wineinstitute.co.kr/information/label2.asp

오리건의 경우 90% 이상을 사용해야 하지만 카베르네 쇼비뇽을 주품종으로 만든 와인은 카베르네 쇼비뇽 75% 이상이면 된다.[3)]

3) 빈티지 표기법

레이블에 빈티지를 표시할 경우 양조된 와인의 95% 이상이 해당 빈티지여야 한다.[4)]

2. 미국 와인의 종류

1) 제너릭 와인(Generic Wines)

여러 가지 품종을 블렌딩하여 만든 와인으로 포도품종을 표기하지 않고 스타일만을 표시한 비교적 가격이 저렴한 테이블 와인을 말한다.

2) 버라이어탈 와인(Vareital Wines)

품종을 표시하는 고급 와인으로 거의 하나의 포도품종으로만 양조된 와인을 말하거나 일정 비율이상 단일품종이 사용된 와인을 말한다.

표기한 포도품종을 75% 이상 사용해야만 하며, 주 혹은 카운티 이름을 표시할 경우 해당 지역에서 생산된 포도를 75% 이상 사용해야 한다. 포도원 이름을 표기할 경우 85% 이상의 포도를 표기한 포도원에서 생산한 것을 사용하여야 한다.

3) 메리티지 와인(Meritage Wines)

메리티지란 'Merit'와 'Hertage'의 합성어로 미국에서 보르도 스타일로 만든 레드 와인과 화이트 와인을 말한다.

메리티지 와인이 탄생하게 된 배경은 보르도 스타일의 와인을 생산하다 보면

3) Karen MacNeil(2010). 더 와인 바이블, 최신덕 · 백은주 · 문은실 · 김명경 공역, (주)바롬웍스: 서울, p. 653.
4) Karen MacNeil(2010). 더 와인 바이블, 최신덕 · 백은주 · 문은실 · 김명경 공역, (주)바롬웍스: 서울, p. 653.

주품종이 75% 이하가 되는 경우가 많다. 그렇게 되면 고급와인임에도 불구하고 제너릭 와인으로 취급받게 되어 고심 끝에 만든 것이 '메리티지(Meritage)'였다.

메리티지 와인은 와인 생산업체가 만든 와인 중 최고품이어야 한다. 대표적인 메리티지 와인으로는 조셉 펠프스(Joseph Phelps)의 '인시그니아(Insignia)', 로버트 몬다비(Robert Mondavi)와 바론 필립 드 로칠드(Baron Philippe de Rothschild)가 합작하여 만든 '오퍼스 원(Opus One)'이 있다.

▲ 인시그니아

❖ 세계 최고의 만남! 로버트 몬다비와 바론 필립 드 로칠드의 합작품 '오퍼스 원(Opus One)'

1980년 미국 최고의 와인 생산자 로버트 몬다비와 프랑스 1등급 와인 샤토 무통 로칠드의 바론 필립 드 로칠드의 합작에 대한 공식적인 발표가 있었다.

이 두 회사의 제휴는 와인 관계자들을 놀라게 했고 세간의 관심을 불러일으키기에 충분했다.

그들은 프랑스와 미국 사람들에게 쉽게 인식될 수 있는 라틴 어원의 이름을 원했고 그렇게 만들어진 이름이 '오퍼스 원(Opus One)'이었다. 남작 필립이 음악용어인 작품(Work)이란 뜻의 '오퍼스(Opus)'라는 단어를 선택했고 이 틀 뒤 여기에 One이란 단어를 덧붙였다. 즉 '작품 1번'이란 뜻이 된 셈이다.

오퍼스 원의 레이블에는 로버트 몬다비와 필립 남작의 옆모습을 형상화하여 더욱 유명하다.

오퍼스 원은 캘리포니아 나파 밸리의 최고의 포도와 보르도의 와인 양조 기술이 만나 탄생한 고급 와인이다. 세계 최고의 와인 생산자인 이들의 명성만큼이나 와인 양조 과정도 남다르다. 포도는 손으로 수확되며, 포도를 실어나르는 과정 중에 송이의 무게로 터지는 일이 없도록 운반된다. 그리고 수확한 포도들을 일일이 손으로 선별하는 작업을 거친다. 오퍼스 원은 양조 과정에 소요되는 시간과 노력이 다른 곳의 60배 정도라고 한다.[5)]

5) 와인오케이.com(2003). 로버트 몬다비(Robert Mondavi)와 오퍼스 원(Opus One). http://www.wineok.com/board.php?PN=board_view&code=great_wine&no=46, 2003년 11월 25일 기사.

4) 컬트 와인(Cult Wine)

컬트 와인은 1990년대 미국 나파 밸리의 고급와인들이 와인평론가 로버트 파커로부터 100점을 받는 등 최고급 와인으로 인정받기 시작하면서 부여한 명칭이다.

'컬트'는 숭배라는 의미의 라틴어 'Cultus'에서 유래된 말로, 컬트 와인은 소규모의 농장에서 한정된 양만큼만 생산된다. 사고자 하는 사람은 많고 희소성의 가치로 높은 가격이 형성된다. 그러면 돈이 많으면 살 수 있을까? 돈이 있어도 살 수 없는 와인이 컬트 와인이다. 그 이유는 이들만의 독특한 판매시스템 때문이다.

이들은 구매자 명단인 '메일링 리스트'에 이름이 올라와 있는 사람들에게 판매한다. 명단에 이름을 올리지 못한 대기자만 해도 어마어마하다. 그리고 와이너리를 일반인들에게 개방하지 않고 와이너리에 대한 설명이나 세부적인 사항에 관해서도 정보 유출을 제한한다.

컬트 와인을 만드는 주품종이 카베르네 쇼비뇽으로 '컬트 캡'[6]으로도 불리며, 부티크 와인(Boutique Wine)으로도 불린다.

대표적인 컬트 와인으로는 스크리밍 이글(Screaming Eagle), 할란 에스테이트(Harlan Estate), 콜긴(Colgin), 셰이퍼(Shafer) 등이 있다.

▲ 할란 에스테이트 ▲ 셰이퍼

6) 카베르네 쇼비뇽(Cabernet Sauvignon)을 줄여서 '캡(Cab)'이라고 부른다.

제3절 미국 와인 포도품종

1. 미국 포도품종

1) 레드 품종

- 카베르네 쇼비뇽(Cabernet Sauvignon)
- 메를로(Merlot)
- 진판델(Zinfandel) : 진판델은 1850년에 처음 캘리포니아에 심어진 캘리포니아 고유의 품종이다. 진판델로 다양한 스타일의 와인을 생산해 내는데 화이트 진판델로 알려진 다소 달콤한 핑크빛의 와인부터 자줏빛을 띠는 진하고 감칠맛 나는 레드 진판델까지 생산이 가능하다.

▲ 화이트 진판델 와인

- 피노 누아(Pinot Noir)
- 시라(Syrah)

2) 화이트 품종

- 샤르도네(Chardonnay)
- 프렌치 콜롬바드(French Colombard) : 프렌치 콜롬바드는 저가의 와인을 만드는데 사용된다.

- 쇼비뇽 블랑(Sauvignon Blanc)
- 슈냉 블랑(Chenin Blanc)
- 피노 그리 (Pinot Gris)

제4절 미국 와인산지

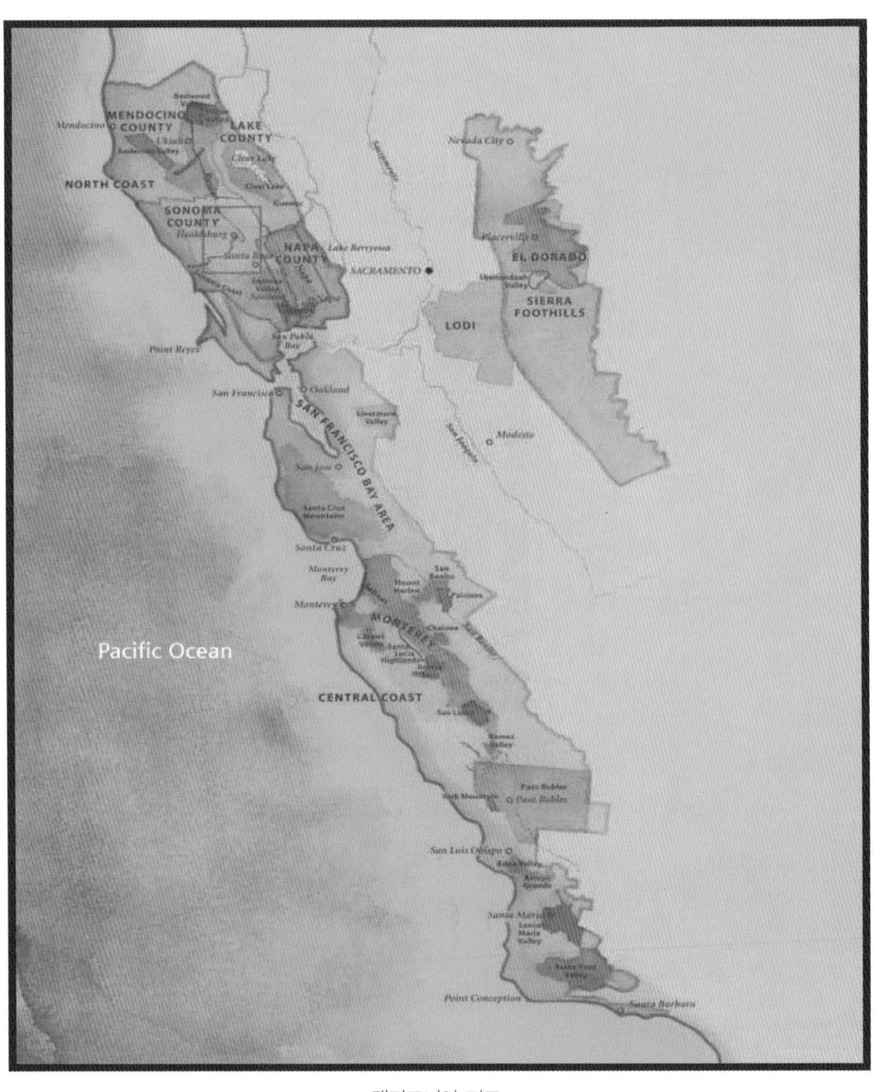

캘리포니아 지도

1. 캘리포니아(California)

미국에서 생산되는 와인의 90% 이상이 캘리포니아에서 만들어진다.

캘리포니아는 북부해안지역(Northern California Coast), 중부해안지역(Central California Coast), 남부(Southern California), 시에라 네바다(Sierra Nevada), 중앙 내륙지역(The Central Valley) 등 5개의 큰 와인 생산지역으로 구분된다.

1) 북부해안지역(Northern California Coast)

(1) 멘도시노 카운티(Mendocino County)

샌프란시스코에서 북쪽으로 150㎞ 떨어진 곳에 위치해 있으며, 이곳의 60%는 숲으로 이뤄져 있다. 1850년에 첫 포도원이 만들어졌지만 금주령으로 인해 황폐화되었다. 그러나 1967년 파두치(Parducci)가로 인해 포도재배가 다시 시작되고, 1970년대와 80년대에 와서 파두치와 페처(Fetzer vineyards)로 인해 멘도시노 와인이 살아나기 시작했다.[7] 생산하는 와인의 주품종은 샤르도네, 카베르네 쇼비뇽, 메를로, 진판델 등이다.

이곳의 유명 와인 생산자로는 페처 빈야즈(Fetzer vineyards)와 캔달 잭슨(Kendall-Jackson)이 있다.

다음과 같이 10개의 AVA가 있다: 멘도시노(Mendocino), 앤더슨 밸리(Anderson Valley), 콜 랜치(Cole Ranch), 맥도웰 밸리(McDowell Valley), 레드우드 밸리(Redwood Valley), 포터 밸리(Potter Valley), 멘도시노 릿지(Mendocino Ridge), 요크빌 하이랜드(Yorkville Highland), 유키아 밸리(Ukiah Valley), 사넬 밸리(Sanel Valley).

▲ 샤토 세이트 진

7) 김준철(2012). 와인, 백산출판사: 서울, p. 436.

(2) 레이크 카운티(Lake County)

레이크 카운티는 북부해안지역의 북동쪽에 위치해 있으며, 포도밭들이 캘리포니아 최대의 호수인 클리어(Clear) 호수를 둘러싸고 있다. 1870년대 처음으로 와인이 생산되었으며, 1900년대에는 이곳의 몇몇 와인들이 국제적인 대회에서 상을 받으면서 좋은 평판을 받았다.

현재 20개 이상의 와이너리가 있으며, 카베르네 쇼비뇽과 진판델을 주로 재배한다.

4개의 다음과 같은 AVA가 있다: 벤모어 밸리(Benmore Valley), 클리어 레이크(Clear Lake), 게녹 밸리(Guenoc Valley), 노스 코스트(North Coast).

(3) 소노마 카운티(Sonoma County)

1812년에 러시아 식민지 개척자가 포트 로스(Fort Ross)에 처음 포도를 재배했다. 1857년에는 헝가리의 아고스톤 하라즈시가 '부에나 비스타(Buena Vista)'라는 와이너리를 캘리포니아에 최초로 세우게 되면서 상업적인 와인 생산이 시작된다.

소노마의 주품종은 카베르네 쇼비뇽, 피노누아, 쇼비뇽 블랑, 샤르도네 등이다.

약 370개의 양조장이 있으며, 유명 와인 생산자로는 조단 빈야드 앤 와이너리(Jordan Vineyard & Winery), 샤토 세인트 진(Château St. Jean), 캔우드 빈야즈(Kenwood Vineyards) 등이 있다. 15개의 AVA가 있으며, 주요 재배지역으로는 알렉산더 밸리(Alexander Valley), 초크 힐(Chalk Hill), 드라이 크릭 밸리(Dry Creek Valley), 나이트 밸리(Night Valley), 로스 카네로스(Los Carneros), 노던 소노마(Northern Sonoma), 러시안 리버 밸리(Russian River Valley), 소노마 코스트(Sonoma Coast) 등이 있다.

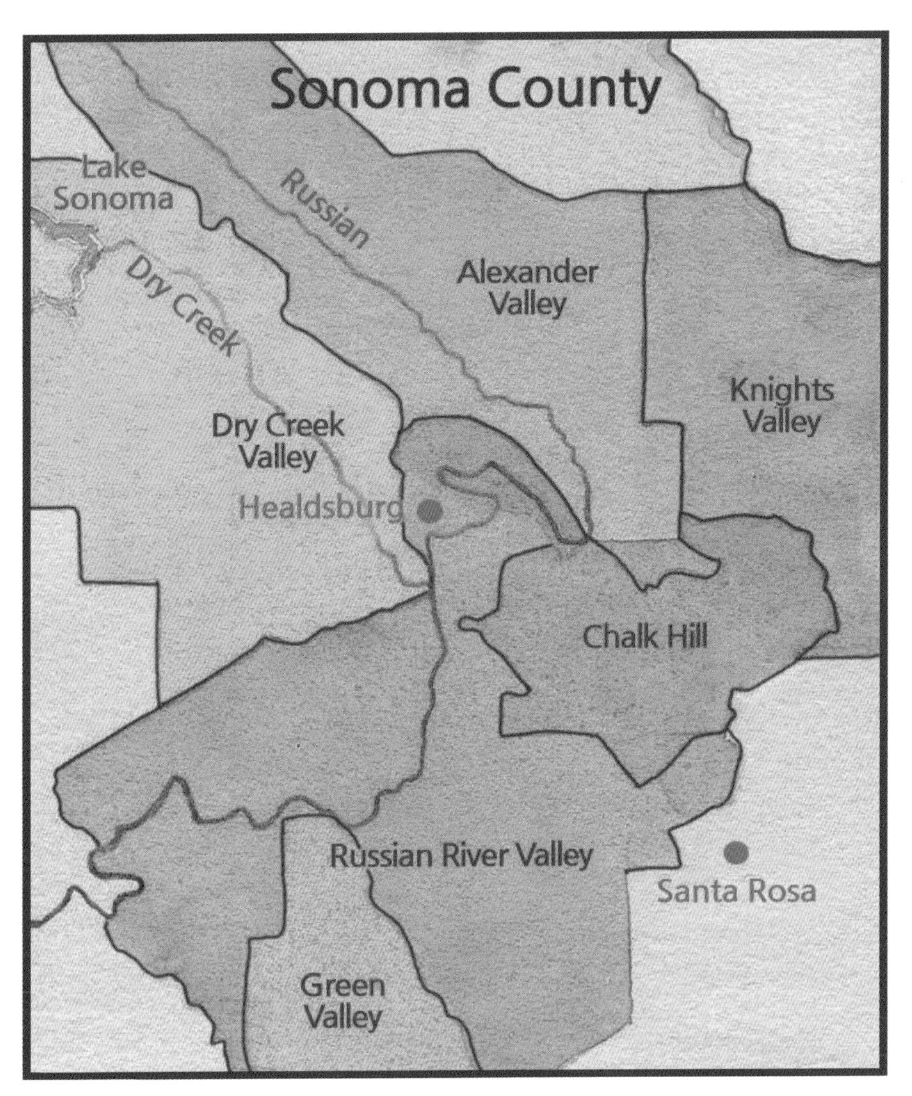

소노마 와인산지

(4) 나파 카운티(Napa County)

'나파(Napa)'는 인디언어로 '풍부'를 의미한다.

나파는 미국에서 가장 유명한 포도재배 지역으로 그 규모가 매우 작아 캘리포니아 전체의 약 4%에 해당되는 와인을 생산한다.[8)]

8) 나파 밸리 와인양조업자들(2013). http://www.napavintners.com/napa_valley/

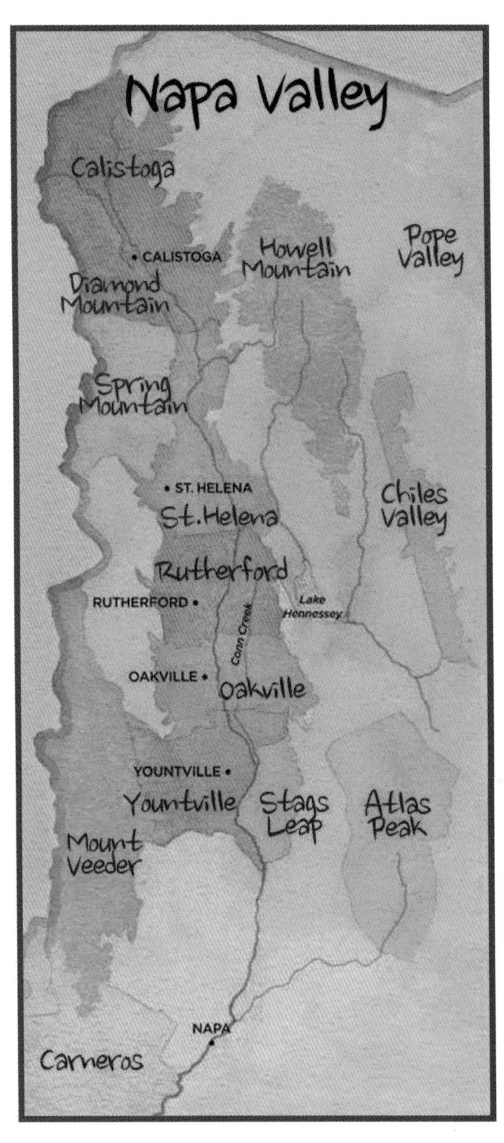

나파 와인산지

나파 밸리(Napa Valley) AVA는 1981년 캘리포니아 최초의 AVA 지역으로 지정된 곳이다. 나파 카운티의 대부분을 포함하고 있다. 1966년에 로버트 몬다비 와이너리가 세워지면서 나파 밸리에 와인 붐을 일으켰다. 나파 밸리의 거의 대부분의 와이너리가 가족경영으로 운영되고 있다.

오크빌(Oakville)과 루더포드(Rutherford) AVA는 캘리포니아 최고의 카베르네 쇼비뇽을 생산하는 곳이며, 남쪽에 있는 로스 캐너로스(Los Carneros) AVA[9]는 태평양의 시원한 바람과 안개의 영향으로 피노 누아와 샤르도네를 재배하기에 좋다.

캘리스토가(Calistoga) AVA는 질 좋은 진판델을 생산한다. 그 외에도 메를로, 카베르네 프랑, 쇼비뇽 블랑 등이 재배된다.

그 외에 세인트 헬레나(St. Helena), 스택스 립 디스트릭트(Stags Leap District), 욘트빌(Yountville), 노스 코스트(North Coast) 등이 있다.

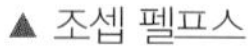
▲ 조셉 펠프스

▲ 클로 뒤 발

유명 와인 생산자로는 베린저(Beringer), 클로 뒤 발(Clos du Val), 조셉 펠프스(Joseph Phelps), 로버트 몬다비(Robert Mondavi). 셰이퍼(Shafer), 하이츠 와인 셀라(Hietz Wine Cellars), 스택스 립 와인 셀라(Stag's Leap Wine Cellars) 등이 있다.

2) 중부해안지역(Central California Coast)

중부해안지역은 샌프란시스코에서 몬테레이(Monterey)를 거쳐 산타 바라라(Santa Barbara)에 이르는 지역으로 리버모어 밸리(Livermore Valley), 산타크루즈 산맥(Santa Cruz Mountains), 몬테레이 카운티(Monterey County), 산 루이스 오비스포 카운티(San Luis Obispo County), 그리고 산타 바바라 카운티(Santa Barbara County)가 대표적이다.[10]

리버모어 밸리는 19세기 초 파리 국제박람회에서 이 지역의 와인이 최우수 와

9) 일부는 소노마 카운티와 겹친다.

10) 원홍석 · 전현모 · 권지영(2012). 와인과 소믈리에. 백산출판사: 서울, p. 233.

인으로 선정되면서 유명해졌다.

산타크루즈 산맥 서쪽의 절반은 태평양을 향하고 있고, 동쪽의 절반은 샌프란시스코만을 바라보고 있다. 태평양을 향한 지역에서는 피노 누아를, 샌프란시스코 지역을 향한 지역은 카베르네 쇼비뇽을 재배한다.

몬테레이 카운티는 1960년 초반부터 UC Davis와의 산학협력으로 기후에 따라 포도산지를 분류하였다. 포도재배에 최적의 조건인 차가운 해안과 고온의 계곡으로 분류하여 7개의 AVA가 있다.

3) 남부 캘리포니아(Southern California)

남부 캘리포니아는 로스앤젤레스 남쪽부터 샌디에고까지의 지역으로 해변과 백사장, 서퍼, 놀이공원, 영화사업 등으로 유명한 곳이다.[11] 이곳은 소수의 사람들이 테메쿨라(Temecula)에서 와인산업을 하고 있으며 잘 알려지지 않은 곳이다.

4) 시에라 네바다(Siuerra Nevada)

이 지역은 그윽한 맛의 진판델 와인으로 유명하다. 또한 쇼비뇽 블랑으로 질 좋은 와인을 만든다.

5) 중앙 내륙지역(The Central Valley)

센트랄 밸리는 해안의 작은 언덕들과 시에라 네바다 산맥의 왼쪽 경사지대 사이에 위치해 있다.[12] 이곳은 센트랄 밸리(Central Valley) 또는 산호아킨 밸리(San Joaquin Valley)라고 불린다. 주요 재배 품종은 샤르도네, 콜롬바드, 슈냉 블랑, 진판델이다. 이곳에는 대규모 와이너리가 많으며, 캘리포니아 와인의 80%를 생산한다. 그리고 큰 병에 담아 판매하는 저그 와인(Jug Wine)을 많이 생산한다. 대표적인 와인 생산자는 갤로(E & J Gallo)가 있다.

11) 캘리포니아 와인 협회 공식홈페이지(2013). http://www.wineinstitute.co.kr/information/label2.asp
12) 캘리포니아 와인 협회 공식홈페이지(2013). http://www.wineinstitute.co.kr/information/label2.asp

2. 오리건(Oregon)

오리건은 북위 45°에 위치하여 프랑스 부르고뉴와 유사한 기후가 형성되어 피노누아를 재배하기에 적당하다. 1988년 부르고뉴의 조셉 드루앵이 피노 누아를 재배할 수 있는 곳은 오리건과 부르고뉴라고 말하면서 오리건에 '도멘느 드루엥 오리건(Domaine Drouhin Oregon)'을 설립하자 많은 와인 관계자들은 오리건으로 눈을 돌리기 시작하였다. 이후 정부의 지원으로 현재 450개 이상의 와이너리가 존재한다.[13)]

오리건에는 50개 이상의 포도품종이 재배되고 있으며, 먼저 주요 레드 품종으로는 단연 피노 누아이며, 그 외에 바코 누아(Baco Noir), 카베르네 프랑, 카베르네 쇼비뇽, 메를로, 카르메네르, 돌체토, 가메이, 그르나슈, 진판델, 템프라니요 등 다양한 품종이 재배된다.

화이트 품종으로는 샤르도네와 피노 그리가 유명하며, 그 외에 게뷔르츠트라미너, 리슬링, 피노 블랑, 뮐러 투르가우 등이 재배된다.

오리건에는 17개의 AVA가 있다.

대표적인 AVA로는 콜롬비아 밸리(Columbia Valley), 왈라 왈라 밸리(Walla Walla Valley), 윌라메트 밸리(Willamette Valley), 엄프쿠아 밸리(Umpqua Valley), 로구 밸리(Rogue Valley) 등이 있다.

3. 워싱턴(Washington)

워싱턴은 캘리포니아 다음으로 가장 큰 와인 산지이다. 현재 전 세계 40여 국가에 수출되고 있지만 국내에는 소량 수입되어 쉽게 맛보기 어렵다.

1860년대 독일과 이탈리아 이민자들에 의해 와인이 만들어졌으며, 금주령으로 와인산업이 잠시 주춤했다. 1960년부터 본격적인 와인 산업이 시작되었고 그 후 급속도로 발전하였다.

13) Oregon wines.com (2013). http://www.oregonwines.com/

현재 740개 이상의 와이너리가 있으며, 11개의 AVA가 형성되어 있다.

워싱턴에서는 80여종 이상의 포도품종이 재배되는데, 그 중 메를로가 유명하다. 이곳의 메를로로 만든 와인은 캘리포니아와 달리 묵직하고 진한 특성을 가지고 있다. 그 외에 카베르네 쇼비뇽, 시라, 카베르네 프랑, 말벡, 진판델 등이 재배되며, 화이트 품종으로는 리슬링, 샤르도네, 쇼비뇽 블랑, 게뷔르츠트라미너 등이 재배된다.

워싱턴의 AVA 중 왈라 왈라 밸리(Walla Walla Valley)와 콜롬비아 밸리(Columbia Valley), 콜롬비아 고쥐(Columbia Gorge)는 오리건 주에 겹쳐 있다. 그 외에 야키마 밸리(Yakima Valley), 퓨짓 사운드(Puget Sound), 레드 마운틴(Red Mountain), 홀스 헤븐 힐스(Horse Heaven Hills) 등이 있다.

유명 와인 생산자로는 콜롬비아 크레스트(Columbia Crest)와 샤토 생 미쉘(Châ-teau St. Michelle) 등이 있다. 현재 샤토 생 미쉘이 콜롬비아 크레스트를 소유하고 있다.

▲ 콜롬비아 크레스트

4. 뉴욕(New York)

뉴욕은 부르고뉴, 샹파뉴, 독일 등과 같이 서늘한 기후의 와인 생산 지역이다.

뉴욕은 35여종의 포도품종이 재배된다.

19세기 초 미국 토종 포도인 라브루스카(Labrusca)종으로 와인을 만들었으나 유럽의 포도품종과는 그 맛이 너무 달라 유럽종을 수입하였다.[14] 그러나 기후와 환경이 달라 유럽종을 재배하는 것이 어려워지자 미국 토종품종과 유럽 종의 교잡종을 개발하기에 이르렀다. 따라서 뉴욕에는 교잡종으로 만든 와인, 토종품종으로 만든 와인, 그리고 유럽 종으로 만든 와인이 다양하게 생산되고 있으며, 하지만 토종품종으로 만든 와인이 70% 이상을 차지하여 우세하다. 이곳의 주요 품종으로는 콩코드(Concord)로 포도 주스용으로도 쓰이며 미국 토종품종이다. 미국계 잡종으로는 카토바(Catawba), 델라웨어(Delaware), 나이아가라(Niagara) 등이 있다. 프랑스계 잡종 화이트 품종으로는 캐이유가(Cayuga), 세이블 블랑(Seyval Blanc), 비달 블랑(Vidal Blanc), 비뇰스(Vignoles) 등이 있고, 레드 품종으로는 바코 누아(Baco Noir)가 있다.

유럽종으로는 샤르도네, 리슬링, 카베르네 프랑, 카베르네 쇼비뇽, 메를로, 피노누아 등이 재배된다.

뉴욕의 주요 생산지역으로는 허드슨 리버 밸리(Hudson River Valley), 핑거 레이크스(Finger Lakes), 레이크 이리(Lake Erie), 롱 아일랜드(Long Island)가 있다.

14) 김준철(2012). 와인. 백산출판사: 서울, p. 460.

제 5 장 칠레 와인

제1절 칠레 와인의 개요

칠레는 남미 최고급 와인을 생산하는 국가이다. 전 세계에서 필록세라 해충으로부터 피해를 입지 않은 산지로도 유명하며, 포도재배에 적합한 천혜의 자연환경을 가지고 있다.

따뜻하고 건조한 지중해성 기후로 일조량이 풍부하며 일교차가 크다. 북쪽의 아타카마 사막과 서쪽의 남태평양, 동쪽의 안데스 산맥, 남쪽의 남극 얼음 덩어리라는 자연경계선 안에 둘러싸여 있어 포도나무의 병충해가 거의 없으며 화학비료를 사용할 필요가 없다.[1] 그리고 안데스 산맥의 눈이 녹아 강물로 흘러들어가게 되어 이를 관개용수로 사용하고 있다.

칠레는 16세기 중반 스페인의 정복자들과 선교사들에 의해 들여온 '파이스(Pais)'[2] 품종으로 처음 와인을 만들었다. 칠레는 정치적으로는 스페인의 영향을 받은 반면, 와인은 프랑스의 영향을 많이 받았다. 19세기 중반 칠레의 지주들은 프랑스 보르도의 샤토를 모방해 호화로운 건축물을 짓기 시작했으며, 프랑스에

1) Karen MacNeil(2010). 더 와인 바이블, 최신덕 · 백은주 · 문은실 · 김명경 공역, (주)바롬웍스: 서울, p. 852.

2) 파이스(Pais)는 캘리포니아에서는 미션(Mission)으로, 아르헨티나에서는 크리오야(Criolla)로 불린다.

서 포도품종을 들여와 프랑스 와인 메이커를 고용하여 와인을 만들었다.[3] 그 당시 유럽 전역에 필록세라가 창궐하여 프랑스의 와인 메이커들이 신대륙을 찾아 떠나는 시기였기 때문에 쉽게 그들을 고용할 수 있었다. 이로 인해 칠레 와인은 프랑스의 영향을 받게 되어 프랑스 스타일의 와인을 생산하고 있다.

칠레는 1980년대부터 문호개방과 함께 와인산업이 발전하기 시작했으며, 외국의 투자와 합작으로 고급와인들이 많이 생산되고 있다. 칠레의 콘차이 토로(Concha y Toro)는 보르도의 샤토 무통 로칠드(Ch. Mouton Rothschild)와 합작하여 '알마비바(Almaviva)'와 '돈 멜초(Don Melchor)'를 생산하고 있으며, 칠레의 에라주리즈(Errazuriz)와 미국의 로버트 몬다비(Robert Mondavi)가 합작하여 '세냐(Seña)'를 생산하고 있다. 스페인의 미구엘 토레스(Miguel Torres)는 칠레 와인의 가능성을 보고 1979년 외국인 회사로는 최초로 칠레에 진출하여 질 좋은 와인을 생산하고 있다.

▲ 알마비바

3) 김준철(2012). 와인, 백산출판사: 서울, p. 500.

제2절 칠레 와인 품질체계

1. 칠레 와인 등급 체계

칠레는 1967년에 지역별로 포도밭을 구분하고 포도재배 면적의 제한 등을 시행하다가, 1995년 원산지 호칭 제도 DO(Denomination de Origine)를 도입하면서 레이블에 이를 표기하도록 했다. 1998년부터는 포도품종, 원산지, 빈티지, 병입에 관한 사항 등의 표시사항을 규제하기 시작했다.[4)]

1) 원산지 표시 와인(Denomination de origine, DO, 데노미나숀 데 오리헨)

칠레에서 병입된 것으로 원산지, 빈티지, 포도품종 등을 명확히 기재할 수 있다. 원산지, 포도품종, 빈티지를 표시할 경우 사용되는 포도에 대한 비율을 모두 75% 이상으로 규정하고 있지만 해외로 수입하고 있는 와인의 경우 85% 이상으로 국제적인 기준에 맞추어 생산되고 있다.[5)]

(1) 원산지를 표시할 경우 : 해당 지역의 포도를 75% 이상 사용해야 한다.

칠레의 생산지역은 리전(Region) > 서브리전(Sub-regions) > 존(Zone) > 에어리어(Area)의 순으로 구분되어 있으며, 이에 속하는 하나의 원산지를 레이블에 표기할 수 있다. 만약 두 곳 이상의 원산지에서 재배된 포도를 사용할 경우 그 지역들을 포함하는 원산지 명을 써야 한다.

예를 들어 카차포알(Cachapoal)과 콜차구아(Colchagua)에서 재배한 포도로 와인을 생산할 경우 이 두 지역을 포함하고 있는 큰 단위인 라펠 밸리(Rapel Valley)를 표기할 수 있다. 그리고 만약 콜차구아와 마이포(Maipo)에서 재배된 포도를 이용할 경우 이 두 지역 모두를 포함할 수 있는 더 큰 단위인 센트럴 밸리(Central Valley)를 레이블에 표기할 수 있다. 만약 아콩카구아(Aconcagua)와 마이포(센트럴

4) 김준철(2012). 와인, 백산출판사: 서울, p. 502.
5) Wines of Chile(2013). http://www.winesofchile.org/wp/the-wines/understanding-a-label/

밸리의 하위지역)에서 재배된 포도를 사용할 경우 "Wine of Chile"로 표기할 수 있다.

(2) 포도품종을 표시할 경우

해당 품종을 75% 이상 사용해야 하며, 여러 가지 품종을 블렌딩할 경우 비율이 큰 순서대로 세 가지만 표시한다. 표기된 포도품종은 15% 이상은 블렌딩되어야 한다. 또한 비티스 비니페라(Vitis Vinifera) 품종만을 사용할 수 있으며, 교잡종인 하이브리드(Hybrid) 품종은 금지하고 있다.[6]

(3) 빈티지를 표시할 경우

해당 빈티지인 그해의 포도가 75% 이상 들어가야 한다.

(4)'생산자 병입(Estate bottled)'이란 용어를 쓸 경우

병입하는 공장 소유의 와이너리와 포도밭이 있어야 하며, 병입공장, 와이너리 및 포도밭, 숙성장소가 그 원산지 범위 내에 있어야 한다.[7] 즉 이 모든 일련과정이 자신이 소유하는 시설에서 일관적으로 이루어져야 한다.

2) 원산지 없는 와인

원산지 표시만 없고 품종 및 빈티지에 관한 규정은 원산지 표시 와인과 동일하다.

3) 비노 데 메사(Vino de Mesa)

포도품종, 빈티지에 대한 표시가 없는 테이블 와인이다. 주로 식용포도로 많이 만들어진다.

6) Wines of Chile(2013). http://www.winesofchile.org/wp/the-wines/understanding-a-label/
7) 김준철(2012). 와인, 백산출판사: 서울, p. 502.

숙성 정도에 따른 등급 분류

숙성정도에 따라 다섯 가지의 등급으로 분류되며 레이블에 표기할 수 있다.
- 리제르바 에스페셜(Reserva Especial) : 최소 2년 이상 숙성된 와인
- 리제르바(Reserva) : 최소 4년 이상 숙성된 와인
- 그란 비노(Gran Vino) : 최소 6년 이상 숙성된 와인
- 돈(Don) : 아주 오래된 와이너리에서 생산된 고급와인
- 피나스(Finas) : 정부가 인정하는 포도품종으로 만든 와인

제3절 칠레 포도품종

1. 칠레 포도품종

1) 레드 품종

- 카베르네 쇼비뇽(Cabernet Sauvignon)
- 카베르네 프랑(Cabernet Franc)
- 메를로(Merlot)
- 시라(Syrah)
- 피노 누아(Pinot Noir)
- 카르메네르(Carmenere)

2) 화이트 품종

- 쇼비뇽 블랑(Sauvignon Blanc)
- 샤르도네(Chardonnay)
- 리슬링(Riesling)
- 비오니에(Viognier)

제4절 칠레 와인산지

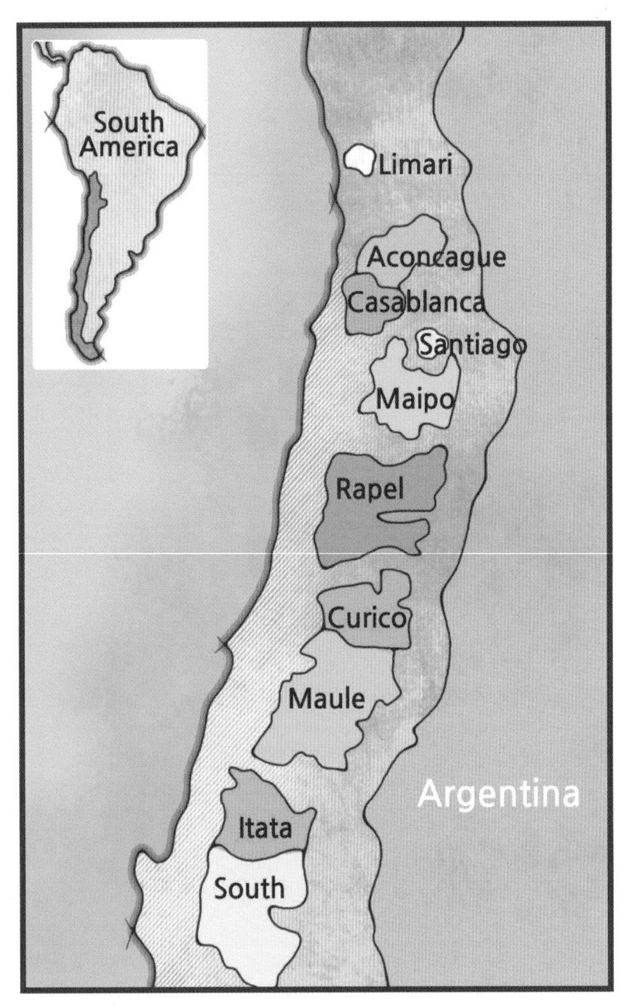

와인산지 지도[8]

1. 코킴보(Coquimbo)

하부지역, 즉 서브리전(Sub-Region)은 엘키 밸리(Elqui Valley), 리마리 밸리(Limari Valley), 초아파 밸리(Choapa Valley)가 속해있다.

8) Chilian Wine(2013). http://www.chilean-wine.com/chileanwinecountry

Vine growing region	Sub-Region	Zone
코킴보 (Coquimbo region)	엘키 밸리(Elqui valley)	
	리마리 밸리(Limari valley)	
	초아파 밸리(Choapa valley)	
아콩카구아 (Aconcagua region)	아콩카구아 밸리(Aconcagua valley)	
	카사블랑카 밸리(Casablanca valley)	
	산 안토니오 밸리(San antonio valley)	레이다 밸리(Leyda valley)
센트럴 밸리 (Central valley region)	마이포 밸리(Maipo valley)	
	라펠 밸리(Rapel valley)	카차포알 밸리(Cachapoal valley)
		콜차구아 밸리(Colchagua valley)
	쿠리코 밸리(Curico valley)	테노 밸리(Teno valley)
		론투에 밸리(Lontue valley)
	마울레 밸리(Maule valley)	클라로 밸리(Claro valley)
		론코미야 밸리(Loncomilla valley)
		투투벤 밸리(Tutuven valley
남부 (Southern region)	이타타 밸리(Itata valley)	
	비오 비오 밸리(Bio-Bio valley)	
	말레코 밸리(Malleco valley)	

▲ 칠레 와인 산지

1) 엘키 밸리(Elqui Valley)

엘키 밸리는 14개의 주요 밸리 중 최북단에 위치해 있다. 이곳은 전통적으로 칠레의 리큐어(Liquor)인 피스코(Pisco) 생산 지역으로 유명하다. 피스코는 포도로 만들지만 브랜디에 비해 맛은 덜 달며 마치 화이트 데킬라와 비슷하다. 이 지역 밤낮의 일교차가 크며, 일조량은 풍부하다. 카베르네 쇼비뇽이 가장 많이 생산되며, 그 외에 레드 품종으로는 메를로, 카르메네르, 시라가 잘 재배되며, 화이트 품종은 샤르도네와 쇼비뇽 블랑이 재배된다.

2) 리마리 밸리(Limari Valley)

리바리 밸리는 16세기 중반 처음으로 포도나무가 심어져 오랜 역사를 가지고 있는 지역이다. 이곳에서 생산된 와인들은 독특한 미네랄의 풍미가 나는 것이 특징이다. 카베르네 쇼비뇽이 가장 많이 재배되며, 카르메네르, 메를로, 시라가 주로 재배된다. 화이트 품종으로는 샤르도네가 재배된다.

3) 초아파 밸리(Choapa Valley)

초아파 밸리는 칠레의 가장 폭이 좁은 곳에 위치해 있다. 이곳에서는 카베르네 쇼비뇽과 시라가 재배된다.

2. 아콩카구아(Aconcagua)

1) 아콩카구아 밸리(Aconcagua Valley)

아콩카구아는 안데스 산맥 중 가장 높은 최고봉의 이름에서 따온 것이다. 아콩카구아 밸리는 여름에 뜨거운 햇볕이 내리쬐고 겨울은 온화한 기후를 띤다. 이곳에서는 카베르네 쇼비뇽이 가장 많이 재배되며, 그 외에 메를로, 시라, 카르메네르가 재배되며, 화이트 품종으로 샤르도네가 재배된다.

유명 와인 생산자 : 에라주리즈(Errazuriz)

▲ 에라주리즈 와인

2) 카사블랑카 밸리(Casablanca Valley)

1980년대 중반 처음으로 포도를 재배하기 시작했다. 이곳이 서늘한 기후로 샤르도네와 쇼비뇽 블랑으로 만든 화이트 와인을 주로 생산한다. 메를로, 피노 누아, 그리고 카르메네르로 만든 레드 와인도 생산된다.

3) 산 안토니오 밸리(San Antonio Valley)

산 안토니오 밸리는 해안 산맥의 안쪽에 포도밭들이 위치해 있어 바다의 직접적인 영향을 받지 않는다. 이곳은 신흥 와인 생산지역으로 샤르도네를 가장 많이 재배한다. 그리고 쇼비뇽 블랑과 피노 누아를 재배하며, 메를로와 시라도 소량 재배된다.

3. 센트럴 밸리(Central Valley)

1) 마이포 밸리(Maipo Valley)

마이포 밸리는 균형잡힌 레드 와인을 생산하는 곳으로 잘 알려져 있다. 마이포 밸리는 알토(Alto), 센트럴(Central), 퍼시픽(Pacific)으로 분류된다. 먼저 알토 마이포는 해발고도 1,300~2,600 feet에 해당하는 지역으로 카베르네 쇼비뇽으로 만든 우아한 레드 와인이 유명하다.

센트럴 마이포는 따뜻하지만 무덥지 않은 지역으로 레드 품종이 잘 자란다.

마이포 밸리에서는 카베르네 쇼비뇽이 가장 많이 생산되며, 그 외에 메를로, 카르메네르, 시라가 재배된다. 화이트 품종으로는 샤르도네와 쇼비뇽 블랑이 재배된다.

유명 와인 생산자 : 카르멘(Carmen), 콘차이 토로(Concha y Toro), 쿠지노 마쿨(Cusino Macul), 페레즈 크루즈(Perez Cruz), 산타 카롤리나(Santa Carolina), 산타 리타(Santa Rita) 등

2) 라펠 밸리(Rapel Valley)

산티아고의 남쪽에 위치해 있으며, 라펠 밸리는 칠레의 농업의 중심부이다. 라펠 밸리의 서브리전(Sub-Region)으로 카차포알 밸리(Cachapoal Valley)와 콜차구아 밸리(Colchagua Valley)로 나눠진다.

(1) 카차포알 밸리(Cachapoal Valley)

카차포알 밸리에서는 레드 품종이 잘 자라며, 특히 카베르네 쇼비뇽을 주품종으로 만든 우아하고 균형이 잘 잡힌 레드 와인을 생산하는 지역으로 유명하다. 서쪽 해안가 산맥 쪽의 페우모(Peumo) 지역은 풀 바디의 과일 향이 풍부한 카르메네르가 잘 자란다. 카차포알 밸리에서는 카베르네 쇼비뇽의 재배량이 가장 많으며, 그 외에 메를로, 카르메네르, 시라가 재배된다. 화이트 품종으로는 쇼비뇽 블랑과 샤르도네가 재배된다.

(2) 콜차구아 밸리(Colchagua Valley)

콜차구아 밸리는 라펠 밸리의 최남단에 위치해 있으며, 칠레에서 최고 유명한 와인 생산 지역으로 이곳에서 생산되는 풀바디한 카베르네 쇼비뇽, 카르메네르, 시라, 그리고 말벡은 대중들의 찬사를 받고 있다. 이곳의 주요 와이너리들은 밸리의 중심부에 위치해 있다.

콜차구아 밸리에서는 카베르네 쇼비뇽이 가장 많이 재배되며, 메를로, 카르메네르, 시라, 그리고 말벡이 재배된다.

유명 와인 생산자 : 칼리테라(Calitera), 카사 라포스토예(Casa Lapostolle), 산타 헬레나, 산타 리타, 산타 크루즈, 몽 그라스(Mont Gras), 몬테스 와인즈(Montes Wines), 비냐 로스 바스코스(Viña Los Vascos), 코노 수르(Cono Sur), 뷰 마넨(Viu Manent) 등

▲ 몬테스 와인즈의 몬테스 알파 와인

3) 쿠리코 밸리(Curicó Valley)

쿠리코 밸리는 1800년대 중반부터 와인산업이 시작되었으며, 30종 이상의 다양한 종류의 포도가 재배된다. 스페인의 와인 생산자 미구엘 토레스가 신 대륙에 관심을 가졌던 1970년대에 이곳을 발견하고 와인 생산을 시작하였다. 이때부터 쿠리코 밸리는 현대적 와인 생산의 역사가 시작되었으며, 외국인들의 투자 역시 활발하게 진행되기 시작했다.

쿠리코 밸리의 주품종은 카베르네 쇼비뇽이며, 그 외에 메를로, 카르메네르가 재배된다. 또한 이곳은 일교차가 심해 산도가 높은 화이트 와인이 유명하다. 화이트 품종으로는 쇼비뇽 블랑과 샤르도네가 재배된다.

유명 와인 생산자 : 미구엘 토레스, 산 페드로, 발디비에소(Valdivieso) 등

▲ 산 페드로의 1865 와인

4) 마울레 밸리(Maule Valley)

칠레에서 가장 큰 와인산지이며 역사가 오래된 지역 중 하나이다. 지중해성 기후를 띠며 이곳에서는 카베르네 쇼비뇽이 가장 많이 재배되며, 메를로와 카르메네르가 재배된다. 이곳은 기후와 토양이 다양성으로 인해 독특하며 복합미 넘치는 카베르네 쇼비뇽과 카르메네르가 생산된다. 화이트 품종으로는 쇼비뇽 블랑과 샤르도네가 재배된다.

4. 남부 지역(Southern Regions)

1) 이타타 밸리(Itata Valley)

남부 지역의 3개의 밸리 중 최북단에 위치해 있다. 이곳은 역사가 오래된 곳으로 칠레 최초의 와인산지이다. 식민지로 있을 때 콘셉시온(Concepción)의 항구도시 근처에서 와인을 생산했었다.

이곳의 주품종은 모스카텔 데 알렉산드리아(Moscatel de Alexandria)로 전체 재배면적의 약 50%를 차지하며, 그 외에 카베르네 쇼비뇽, 샤르도네, 쇼비뇽 블랑이 재배된다.

2) 비오 비오 밸리(Bío Bío Valley)

포도가 익어가는 시기 동안 따뜻한 낮과 추운 밤으로 일교차가 심하다. 그리고 비가 많이 오며, 바람이 강해 다른 재배 지역보다 포도재배에 있어 인내력과 기술력, 그리고 세심한 주의가 필요하다. 이러한 서늘한 기후로 인해 화이트 품종이 잘 자란다. 특히 쇼비뇽 블랑과 샤르도네가 잘 자라며, 재배 면적으로는 모스카텔 데 알렉산드리아(Moscatel de Alexandria)가 차지하는 비율이 가장 많다. 그 외에 리슬링과 게뷔르츠트라미너도 재배한다. 레드 품종으로는 피노 누아가 잘 자라며, 카베르네 쇼비뇽도 재배된다.

3) 말레코 밸리(Malleco Valley)

칠레의 최남단의 와인 생산지역으로 샤르도네와 피노 누아가 재배된다.

제 6 장 스페인 와인

제1절 스페인 와인의 개요

유럽대륙의 서쪽 끝인 이베리아 반도에 위치하고 있는 스페인은 다양한 기후와 토양으로 인해 다양한 종류의 와인을 생산하고 있다.

스페인의 포도재배 면적은 세계 1위를 차지하고 있으나 와인 생산량은 세계 3위이다. 이는 건조한 기후와 빈약한 관개시설, 그리고 포도나무의 높은 수령으로 단위 면적당 와인 생산량이 낮기 때문이다.

레드와 로제 와인은 전체 생산량의 약 56%이며, 화이트 와인은 약 44%이다.[1)]

스페인은 전 국토에서 레드와 로제 와인 모두를 생산하며, 페네데스 지역에서는 스페인의 스파클링 와인인 카바(Cava), 남부의 헤레스 지역에서는 주정 강화 와인인 셰리 와인 등 다양한 와인들이 생산된다.

과거 한때 스페인의 와인 생산자들은 프랑스 와인을 표방하였으나, 오늘날 스페인 와인만의 고유한 특징을 살려 세계적인 훌륭한 고품질의 와인을 생산하고 있다.

1) International Organization of Vine and Wine(2007).

제2절 스페인 와인의 역사

스페인의 와인의 역사는 스페인이라는 국가가 생기기 이전인 약 3천년 전에 시작된다. 이는 이베리아 반도에 그리스와 페니키아 인들이 와인을 들여옴으로써 와인의 역사가 시작되었다. 그 후 3~5세기까지 로마제국이 스페인을 통치하면서 본격적으로 포도재배가 시작되었고 와인산업이 발전하게 된다.

그러나 8세기경 이슬람의 무어족이 이베리아 반도를 통치하면서 많은 포도밭이 파괴되어 와인산업이 침체된다.[2]

1492년 그라나다 전투에서 가톨릭 왕조가 무슬림을 퇴각시킨 후 기독교도가 다시 이 지역을 장악하게 되면서 와인산업이 다시 활발해졌으나, 이후 오이디움균, 밀디우병, 필록세라와 같은 병충해로 포도원이 큰 피해를 입게 된다.

프랑스 또한 1870년 필록세라의 피해로 포도재배가 어려워지자 보르도 상인들은 필록세라의 피해가 없었던 리오하 지방에 와서 와인을 구입하였고,[3] 포도재배업자들은 스페인의 리오하로 이주하여 와인 공장을 세우면서 양조기술들을 전수하여 스페인 와인생산 기술과 품질 면에서 큰 발전을 이룰 수 있었다.

벌크 와인을 많이 생산하여 값싼 와인이라는 인식이 강했던 스페인 와인은 1972년부터 정부지정의 자체 와인 등급 기준을 시행한 결과, 값싸고 평범한 와인이라는 인식에서 벗어나 지금은 어디 내어 놓아도 손색이 없는 훌륭한 와인을 생산하고 있다.

1986년 EU 회원국에 가입 후 와인산업이 본격적인 회복기에 접어들면서 1990년대에는 해외에서 온 와인 생산자들의 영향으로 국제 포도품종을 받아들이기 시작하였고, 21세기에 접어들면서 고품질 와인의 생산이 급증하는 반면 일반적인 스페인 벌크 와인의 생산은 감소하고 있다. 현재 스페인은 세계적 수준의 명품와인 생산국으로서 더욱 발전해 나가고 있다.

2) 김준철(2006). 와인 인사이클로피디아 세종서적: 서울
3) 김준철(2006). 와인 인사이클로피디아 세종서적: 서울

제3절 스페인 와인의 특징

스페인 와인의 특징을 한 단어로 표현한다면 '다양성'이다.

스페인은 레드 와인, 로제 와인, 화이트 와인, 스파클링 와인인 카바(Cava), 주정 강화 와인인 셰리(Sherry) 등 다양한 종류의 와인을 생산하고 있다. 포도품종 역시 토착품종에서부터 국제 포도품종까지 무려 600종 이상의 포도가 재배되고 있는 만큼 각각의 개성이 돋보이는 와인이 생산되고 있다. 최근 20년 전의 와인과 비교했을 때 과거 무겁고 텁텁했던 맛에서 벗어나 신선한 맛과 향이 풍부한 특징을 지닌 와인으로 점점 변화하고 있다. 레이블 역시 전 세계 소비자들이 알아보기 쉽도록 간결하게 변하고 있다. 또한 벌크 와인의 생산으로 값싼 와인이라는 인식에서 벗어나 최근에는 세계적인 고품질의 와인을 만드는 나라로 급부상하고 있다.

제4절 스페인 와인의 품질체계

1. 스페인 와인 등급 체계

스페인은 1970년에 처음으로 국가 통제법이 제정되어 전국적인 원산지 호칭법인 INDO(Instituto Nacional de Denominaciones de Origin)가 제정되었다. 1986년 유럽연합에 가입하면서 프랑스의 AOC와 같은 제도적 관리가 시작되어 본격적으로 DO(Denominación de Origen)제도를 정비하면서 품질 와인(QWPSR, Quality Wine Produced in Specific Region)과 테이블 와인(TW, Table Wine)으로 단순화시킨 현재의 등급체계를 갖추게 되었다. 이 법률제도에서는 원산지에 대한 지역경계와 명칭을 정하고 포도재배 면적, 포도품종, 숙성 기간, 알코올 농도, 양조법, 생산량 등 와인의 품질에 영향을 주는 요인들을 규제하고 있다.[4)]

4) 김준철(2003). 와인, 백산출판사 : 서울

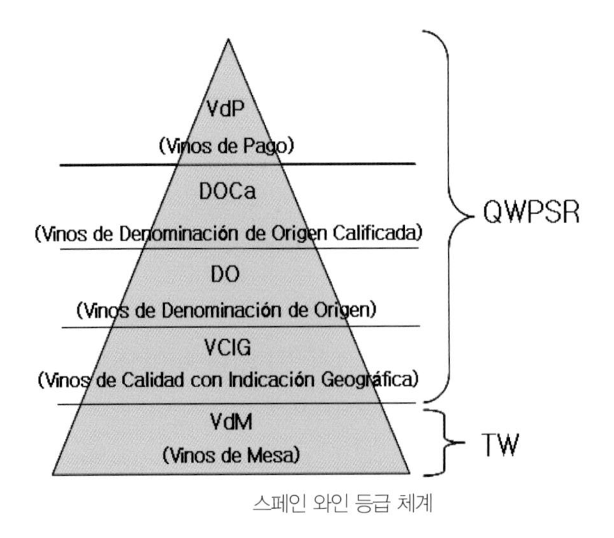

스페인 와인 등급 체계

스페인의 와인등급체계는 2003년도에 개정되어 최고급 품계로 Vino de Pago(VdP)가 신설되고 DO 미만 급에서 일부분 개정되었으며, 원산지와 품질 보호 체계를 더욱 확실시 하고 있다. QWPSR 와인의 경우 당국이 적절한 모니터링을 수행하며, 우선적으로 포도 재배자, 와인 생산자 등 와인 생산에 관련 있는 이들의 조합을 만들어 각 지역별 와인 양조 과정과 관련된 법률과 규제를 만들었다. 그리고 숙성에 따른 규정에 있어서는 크리안자(Crianza)의 최소 기준을 정하였으며, 2003년 개정 이전 규정에서 오크통과 병 숙성의 기간을 따로 명시하였으나, 개정 이후 오크통과 병 숙성 기간이 하나로 통합되었다.

1) Vinos de Mesa(비노 데 메사)

가장 낮은 품계에 속한다. 최근 몇 년 동안 QWPSR 규정에 벗어난 지역의 모험적인 와인 양조업자에게도 QWPSR의 와인과 견줄만한 수준이거나 더욱 우수한 수준의 와인을 만든다면 QWPSR 지역에서 와인을 생산할 수 있게 하였다. 이 등급 안에 또다시 두 개의 하위등급으로 나뉜다.

(1) Vinos de la Tierra(VdlT, 비노 델 라 티에라)

지역적 특색이 분명하여 확실히 구분되어지는 스페인 내의 지역에서 생산되어야 한다. QWPSR 와인 생산에서의 당국의 기준 조건에 부합하지 않아도 상관없다. 이 등급에 진입하기 위해서는 최소 알코올 함량과 지리적 표기, 와인의 관능적 느낌의 표기가 요구된다.

(2) Vinos de Mesa(VdM, 비노 데 메사)

나머지 다른 등급에 들지 않는 모든 와인이 이 등급에 속한다.

2) Vinos de Calidad con Indicación Geográfica(VCIG, 비노 데 칼리다드 콘 인디카시온 헤오그라피카, 지역명칭 고급와인)

프랑스 Vin de Pays와 유사하며 지리적인 위치로 인해 와인의 품질과 명성이 있는 와인 생산 지역에 부여되는 명칭이다.

각 지역에서는 테이스팅 위원, 원산지 증명, 백 레이블 인증, 와이너리와 와인의 등록 등의 업무를 하는 위원회를 갖는다.

3) Vinos de Denominación de Origen(DO, 비노 데 데노미나시온 데 오리헨, 원산지 명칭 와인)

고급와인이 생산되는 지역을 60개 이상으로 분류하여 관리하며 이 와인은 지정된 지방, 지역, 포도밭에서 생산된 것이라야 한다. DO 와인으로 인정되기 위해서는 와인 재배지역이 DO에 포함되는 토지이면서 포도재배에 적합한 곳에서 생산된 와인이어야 하며, 고급와인을 생산하는 생산자로서 최소 5년 동안 알려져야 한다.

4) Vinos de Denominación de Origen Calificada(DOCa, 비노 데 데노미나시온 데 오리헨 칼리피카다, 특정 원산지명칭 와인)

DO 와인으로서 필요한 조건에 부합하는 것으로, DO 와인으로 최소 10년 이상 동안 인정된 것이어만 한다. 그리고 정해진 특정지역에서 DO에 등록된 저장실에서 독자적으로 병입되어야 하며, 생산시설은 DOCa의 인증을 받지 못한 와이너리와 동일한 장소에 있어서는 안 된다. 현재, 스페인에서는 1991년 지정된 라 리오하(La Rioja)와 2003년에 지정된 프리오라트(Priorat), 그리고 2008년 지정된 리베라 델 두에로(Ribera del Duero) 세 지방의 와인에만 DOCa로 지정되어 있다.

5) Vinos de Pago(VdP, 비노 데 파고)

와인등급에서 가장 높은 품계이다. 이 와인은 어떤 장소(place) 혹은 농사부지(rural site)인지 구분하여 포도가 어떠한 기후적 조건과 토양에서 재배되었는지, DOCa에 적용되고 있는 기준에 충족하고 있는지 등을 파악하여 그 기준에 맞아야 한다. 또한 DOCa 구역 내 위치한 단일 포도밭에 지정된다. 보데가 줄리안 치비테즈 세뇨리오 데 아린자노(Bodegas Julian Chivite's Señorío de Arinzano), 도미노 데 발데푸사(Domino de Valdepusa)와 핀카 엘레스(Finca Élez), 구이호소(Guijoso), 그리고 데에사 델 까리잘(Dehesa del Carrizal)로 현재 5개의 Pago(DO의 단일 포도밭)가 있다.[5] Pago란 영어로 'estate'란 의미로써 국제적으로 명망있는 단일 포도밭에 붙인다.

숙성에 관한 규정

QWPSR 급에만 적용되며 아래의 규정은 2003년 개정된 규정이다.[6]

- Vino noble(비노 노블레, quality wine) : 이 와인은 최소 숙성 기간이 총 18개월이며, 최대 600L 용량의 오크통이나 혹은 병에서 숙성해야 한다.
- Vino añejo(비노 아네호, aged wine) : 최소 600L 용량의 오크통에서 최소 24개월 동안 숙성시키거나 혹은 병에서 숙성시킨다.
- Vino viejo(비노 비에호, old wine) : 숙성 과정 중 빛, 산소, 열, 혹은 모든 것이 동시발생 시 일어나는 현상으로 강력한 산화력의 성질을 띠었을 때 최소 36개월 동안 숙성시킨다.
- Vino de crianza(크리안자) : 레드 와인의 경우 최소 24개월 동안 숙성시키는데, 그 중 6개월은 최대 330L 용량의 오크통에서 숙성시킨다. 그리고 화이트와 로제 와인은 적어도 18개월 동안 숙성시켜야 한다.
- Reserva(레세르바) : 레드 와인의 경우 최소 36개월 동안 숙성시키며, 그 중 적어도 12개월 동안은 오크통에서 숙성시키며, 나머지 기간 동안은 병 숙성시킨다. 화이트와 로제와인의 경우 18개월 동안 숙성을 시키는데, 그 중 6개월은 나무통에서 숙성시킨다.
- Gran reserva(그란 레세르바) : 레드 와인의 경우 최소 60개월 동안 숙성시키며, 그 중 적어도 18개월 동안은 오크통에서 숙성시켜야 한다. 화이트와 로제 와인의 경우 18개월 동안 숙성을 시키며, 그 중 6개월 동안 나무통에서 숙성시킨다.
- 고급 스파클링 와인에는 프리미엄(Premium)과 레세르바(Reserva)를 표기하는데 그란 레세르바(Gran Reserva)의 경우 카바(Cava)지명을 가질 수 있는 스파클링 와인에만 표기할 수 있다. 그리고 병입에서 침전물 제거까지의 양조과정에서 최소 30개월 동안 숙성이 완료된 것에만 표기가 가능하다.

5) Natasha, H.(2008), Decanter.com, "Julian Chivite bodega gets top classification"
6) Vinos de España(2009), www.winesfromspain.com

제5절 스페인 와인산지

스페인 와인 지도

1. 리오하(Rioja)

19세기 후반 필록세라가 프랑스 보르도 지방의 포도밭을 황폐화시키자 피레네 산맥 북쪽의 보르도 와인 생산자들이 내려와 정착하여 포도를 재배하고 와인을 생산하기 시작했다. 이들은 엘시에고와 로그로뇨 동쪽에 각각 '마르케스 데 리스칼'과 '마르케스 데 무리에타' 포도원을 세워 리오하 와인의 발전 가능성을 일깨워 주었다.[7]

7) 휴 존슨 · 잰시스 로빈스(2009). 휴 존슨 · 잰시스 로빈스의 와인 아틀라스, 세종서적: 서울

그리고 프랑스의 와인 기술자들은 기술과 경험을 전수하여 리오하 와인의 질을 향상시키는데 기여하였다. 따라서 이곳의 와인 스타일이 보르도와 비슷한 것이다.

과거 와인을 장기간 동안 오래된 아메리칸 오크통에 숙성시켰으나, 최근 들어 최신 양조기술을 도입하여 현대적 스타일의 와인들이 많이 생산되고 있으며, 단일 포도원 와인이 급부상하고 있다.

스페인 북부, 해발 500~700m에 위치하는 리오하는 스페인에서 가장 좋은 품질의 와인을 생산하는 곳으로 약 5만ha의 포도원으로 이루어져 있다. 이곳에서는 레드, 로제, 화이트 와인이 생산되는데 70~80%가 레드 와인이다.[8)]

리오하는 리오하 알라베사(Rioja Alavesa), 리오하 알타(Rioja Alta), 리오하 바하(Rioja Baja)로 크게 세 지역으로 나뉜다. 에브로(Ebro)강 북안에 있는 리오하 알라베사(Rioja Alavesa)는 해발 약 800m에 위치해 있으며, 토양은 석회질이 주를 이루고 있다. 에브로강 최상류인 리오하 알타(Rioja Alta)는 해발 600~700m에 위치해 있으며, 토양은 석회 점토, 충적토, 철분을 포함한 점토로 구성되어 있다. 더운 동부에 위치하며 에브로 강 하류 지역인 리오하 바하(Rioja Baja)는 해발 300m에 위치해 있으며, 토양은 점토와 석회질, 충적토로 리오하 알타 지역의 토양에 비해 아주 다양하게 구성되어 있다.

리오하의 기후는 일조량이 많으며 여름에는 건조하고 겨울에는 한랭하다. 그

8) 김준철(2003). 와인 백산출판사: 서울

리고 에브로강이 충적토 골짜기를 흐르면서 형성되는 미시기후의 영향을 많이 받고 있다.

1) 리오하 숙성기준

리오하 와인은 1991년 우수한 품질기준과 생산관리로 DOCa로 인증을 받았다. 포도재배, 수확, 수확시기 허가, 양조관리 등 품질유지를 위해 당국의 관리를 받고 있다. 또한 숙성 기간에 의해 4개의 범주로 구분 되고 있다.

- 호벤(Joven) : 전혀 숙성되지 않은 와인으로 판매는 수확 다음해에 이루어진다.
- 크리안자(Crianza) : 225L의 오크통에서 최저 1년 숙성 후 병입된다. 판매는 3년 이후부터 이루어진다.
- 레세르바(Reserva) : 225L 오크통과 병에서 최저 3년 동안 숙성시켜야 하며 단, 그 중 1년은 오크통에서 숙성시켜야 한다. 판매는 4년 이후부터 이루어진다.
- 그란 레세르바(Gran Reserva) : 225L 오크통에서 최저 2년 동안 숙성시켜야 하며, 병에서 3년 동안 숙성을 한 것으로 판매는 6년 이후부터 이루어진다.

2) 리오하 포도품종

(1) 레드 품종

- 템프라니요(Tempranillo) : 스페인의 토착품종으로 풀 바디(full-body)한 레드 와인을 만들 수 있다. 리오하의 주품종으로 스페인의 대부분의 레드 품종들보다 몇 주 더 빨리 익는다. 이 품종으로 만든 와인은 루비 색을 띠며, 베리, 자두, 타바코, 바닐라, 가죽, 그리고 허브향이 나는 것이 특징이다.
- 마주엘로(Mazuelo) : 프랑스가 원산지로 프랑스에서는 까리냥 누아(Carignan Noir)라고 부른다. 이 품종으로 만든 와인은 타닌이 강하여 거친 느낌을 줄 수 있다. 따라서 주로 섬세한 다른 포도품종(가르나차, 쌩쏘, 시라 등)과 블렌딩하여 만든다.
- Garnacha(가르나차)
- Graciano(그라시아노)

(2) 화이트 품종

– 비우라(Viura) : 스페인 고유의 품종으로 이 품종을 재배하고 있는 전 세계의 전체재배 면적의 88%가 스페인에서 재배되고 있다. 이 품종은 리오하의 전통적인 화이트 와인 생산에 매우 중요한 품종이다.
– 말바지아(Malvasia) : 이 품종은 역사적으로 지중해 연안과 마데이라(Madeira)의 섬에서 재배되었지만 현재는 와인을 생산하는 세계의 각 지역에서 많이 재배되고 있다. 하지만 리오하에서는 127ha(약 0.25%)로 소량 재배되고 있다.
– 가르나차 블랑카(Garnacha Blanca) : 이 품종은 레드 와인 품종인 그르나슈(Grenache)의 변종으로 알려져 있다. 이 품종은 스페인의 북동쪽의 지역과 프랑스의 론 지방에서 주로 재배된다. 이 품종으로 만든 와인은 높은 알코올과 낮은 산미가 특징이다. 리오하에서 재배의 규모가 가장 작은 약 44ha이다.

3) 리오하의 유명한 와인 회사

리오하에 있는 유명한 와인 회사로는 전통 있는 회사인 마르케스 데 리스칼(Marqués de Riscal)과 마르케스 데 무리에타(Marqués de Murrietta)가 있으며, 그 외에 콘티노(Contino), 레메유리(Remelluri), 보데가스 리오하나스(Bodegas Riojanas), 보데가스 몬테시오(Bodegas Montecillo), 보데가스 무가(Bodegas Muga), C.V.N.E., 마르케스 데 카세레스(Marqués de Càceres), 마르케스 데 그리뇽(Marqués de Griñon), 마르케스 데 리스칼(Marqués de Riscal), 마르케스 데 무리에따(Marqués de Murrieta), 아옌데(Allende), 발피에드라(Valpiedra) 등이 있다.

(1) 마르케스 데 리스칼(Marqués de Riscal)

마르케스 데 리스칼(Marqués de Riscal)은 1858년 리오하에 설립된 이후 프랑스 보르도의 방식을 채택하여 와인을 생산하기 시작했다. 프랑스의 포도품종인 카베르네 쇼비뇽, 메를로, 피노 누아, 말벡 등을 이용하여 보르도 양조방식으로 생산하였으며, 숙성 과정에서도 보르도 오크통을 사용하였다. 또한 1972년에는 루에다(Rueda) 지방에서는 스페인 고유품종인 베르데호(Verdejo)를 사용하여 고품질의 화이트 와인을 생산하고 있다.

마르케스 드 리스칼은 70여개국에 수출되고 있으며, 여러 번의 수상을 통해 고품질의 세계적인 와인으로 인정받고 있다.

(2) 마르케스 데 카세레스(Marqués de Càceres)

마르케스 데 카세레스는 1960년대 말 엔리끄 포르네르(Enrique Forner)에 의해 설립되었다. 그는 에밀 페노 교수(Prof. Emile Peynaud)의 도움으로 와인 재배에 최적지인 리오하 알타에 자리잡게 되었다. 프랑스 보르도의 샤토 카망삭(Chateau Camensac : 5등급 그랑크뤼 클라세 와인)을 소유하기도 했었던 포르네르 가문은 쌓아왔던 와인양조 기술과 경험으로 오늘날 세계적인 와인을 생산하여 수출하고 있다. 이곳에서 생산되는 와인은 와인 스펙테이터가 선정한 '미국 레스토랑에서 가장 많이 판매되는 스페인 와인', AC 닐슨이 조사한 '미국내 아울렛에서 가장 많이 판매되는 스페인 와인'에 선정되면서 스페인의 최고의 와인 브랜드로 자리매김하였다.

2. 페네데스(Penedès)

페네데스의 와인 박물관인 'Vilafranca's Wine Museum'에는 기원전 6세기 이전 페네데스 지역에 포도나무가 자라고 있었다는 것을 증명할 만한 두 가지 유물이 존재한다. 그것은 페네데스 지역에 위치해 있는 다른 이베리안 마을에서 발굴된 두 개의 인쇄판에서 발견되었다. 로마의 영향을 받은 페네데스는 중동지방과 이집트의 페키니아인들과 그리스인들이 들여 온 각종의 적포도를 재배하기 시작했다.

그러나 페네데스의 실질적인 포도나무의 도입과 와인생산은 기원후 6세기에 이루어졌다. 지중해 와인 문화의 심장부는 페네데스의 중심부에 있었기 때문이다. 페네데스를 교차하는 아우구스타를 통해 푸엔테 델 디아블로(Puente del Diablo)에서 아르코 데 베라(Arco de Berà)까지 와인 판매의 중심지였던 것이다.

전 유럽지역에 필록세라가 강타했을 무렵 이 지역도 피해갈 수 없었다. 그 여파로 전 지역에 널리 재배되고 있는 레드 와인 포도품종에서 거의 대부분이 화이트 와인 포도품종으로 바뀌게 되는 큰 변화가 일어났다. 이를 계기로 1870년대에 카바가 처음으로 생산되기 시작하였다. 이래로 레드 와인 포도품종들이 몇 곳에서 다시 재배되었지만 화이트 와인 포도품종에 비해 상대적으로 극히 소량 생산되고 있다.

바르셀로나 남서쪽에 위치해 있는 페네데스의 포도재배 면적은 약 2만 6천 ha를 차지하고 있으며 약 180만hl의 와인이 생산되고 있다.

카탈로니아(Catalonia) 지방의 중심지인 바르셀로나에서 멀지 않고 북으로 피레네 산맥이 둘러싸고 있으며 동남쪽으로는 지중해에 면한 페네데스 지역은 바다와 태양의 영향으로 온화하고 따뜻한 기후로 전통적인 화이트 포도품종인 사렐로와 마카베오, 레드 품종인 템프라니요, 가르나차, 모나스트렐 등의 재배에 적합하다.

이곳은 스파클링 와인인 '카바(Cava)'의 중심지로 유명하다. 화이트 와인이 전체 와인 생산의 2/3를 차지하며, 대부분이 스파클링 와인이다. 카바는 가격은 저렴하고 맛과 질이 우수하여 각국으로 수출되고 있다.

이곳에서는 스파클링 와인 이외에 스틸 와인도 생산되고 있는데, 1970년대 이

후로 스틸 와인의 생산이 본격적으로 시작되면서 오늘날 리오하 와인과 함께 국제적으로 좋은 평가를 받고 있다.

와인 생산 지역은 바호 페네데스(Bajo Penedés), 메디오 페네데스(Medio Penedés), 알토 페네데스(Alto Penedés)인 3개 지역으로 나눌 수 있다.

메디오 페네데스의 기온은 낮다. 이곳의 언덕 사면에는 사렐로와 마카베오를 재배한다. 이 품종은 카바 양조에 사용되는 주품종이다. 또한 다른 나라의 품종인 카베르네 쇼비뇽, 샤르도네, 카베르네 프랑, 피노 누아, 쇼비뇽 블랑, 메를로 등도 잘 자란다.

알토 페네데스는 해발 800m에 위치하며 유럽에서 가장 고지대에 위치한 와이너리로 페네데스의 토착 화이트 품종인 파렐라다 품종이 재배된다. 최근 이 지역에서는 프랑스와 독일의 화이트 품종인 리슬링, 게부르츠트라미너, 슈냉 블랑 등이 널리 재배되고 있다.

바호 페네데스는 해안의 더운 지방으로 알코올 함량이 높은 레드 와인이 생산된다.

페네데스의 토양은 매우 다양하지만 경작되어지고 있는 대부분의 토양의 특성은 유사하다. 이곳의 토질은 깊고 두드러지게 모래가 많다거나 충분한 점토질의 땅이 아닌 투과성이 있고 수분을 유지하기에 적합하다.[9]

페네데스에서 생산되는 화이트 와인과 로제 와인은 일찍 마시는 타입이 주를 이룬다. 특히 스파클링 와인인 카바는 프랑스 샴페인에 이어 생산량이 두 번째로 많으며 가격도 저렴하고 그 종류도 다양하다.

이곳은 고급 테이블 와인으로도 유명한데, 스페인 최대의 와이너리이며 세계적인 규모를 자랑하는 보데가 미구엘 토레스(Bodega Miguel Torres)가 있어 더욱 유명하다.

1) 페네데스 포도품종

(1) 레드 품종

- **모나스트렐(Monastrell)** : 전형적인 지중해의 포도품종으로 메디오 페네데스와 알토 페네데스에서 주로 재배된다. 이 품종으로 만든 와인은 짙은 색을

9) 김준철(2003). 와인 백산출판사: 서울

띠며 장기간 숙성을 하거나 혹은 과일 향이 풍부한 와인과 블렌딩하는 것이 필요하다.

- 카베르네 쇼비뇽(Cabernet Sauvignon) : 이 품종은 메디오 페네데스와 알토 페네데스에서 주로 재배된다. 매우 짙은 색을 띠는 와인을 만들어 내며 다른 레드 와인 품종과 비교했을 때 뚜렷한 성질을 나타낸다. 이 품종으로 만든 와인은 숙성될수록 향의 복합미가 넘치며, 스모크 향과 송로버섯의 향이 난다.
- 피노 누아(Pinot Noir)
- 시라(Syrah)
- 메를로(Merlot) 등

(2) 화이트 품종

- 샤르도네(Chardonnay) : 이 품종은 섬세한 향을 부여하므로 카바를 만들 때 사용되며, 영(young)하고 과일 향이 풍부한 화이트 와인을 만들 때 주로 사용된다.
- 파렐라다(Parellada) : 이 품종은 페네데스의 전통적인 화이트 품종이다. 이 품종으로 만든 화이트 와인은 아로마틱(aromatic)하며, 드라이(dry)하고, 적당한 알코올 함량을 가지고 있다. 상큼하고 섬세한 향과 푸루티(fruity)한 산미가 느껴진다.
- 리슬링(Riesling) : 알토 페네데스에서 주로 재배되며 이 품종으로 만든 와인은 방향성이 뛰어나며 매우 신선한 과일 향이 풍부하다.
- 마카베오(Macabeo) : 이 품종은 메디오 페네데스에서 주로 재배되며 카바에 과일 향을 부여하고 생기를 불어넣어 준다. 이 품종으로 만든 와인은 드라이하며 과일 향이 풍부한 화이트 와인이 된다.
- Xarel-lo(사렐로)

2) 페네데스의 유명한 와인 회사

(1) 토레스(Torres)

토레스는 스페인 페네데스 지방의 빌라프랑카(Vilafranca)에 본거지를 둔 스페인 최대 와인 생산 업체이다. 창업자인 헤메 토레스 벤드레(Jaime Torres Vendrell)는 1855년 쿠바에서 석유산업과 운송업으로 번 자금으로 1870년 스페인에서 그의 동생의 아들인 미구엘 아구스틴 토레스(Miguel Agustin Torres)를 프랑스 디종(Dijon) 대학에서 양조학과 포도재배기술을 전공하게 한 뒤 1966년부터 본격적으로 페네데스에 와이너리를 만들어 와인을 생산하기 시작한다.

즉, 미구엘 아구스틴 토레스는 창업자 5대 후손으로 오늘날의 토레스를 성공으로 이끌어 온 장본인이다. 그는 스페인의 토착 포도품종과 국제 포도품종을 이용하여 현대적이면서도 전통이 살아있는 와인을 생산한다.

그는 현재 120여개국에 와인을 수출하고 있으며, 1979년 파리에서 개최된 블라인드 테이스팅에서 1970년 빈티지의 토레스 블랙 레이블(Torres Black Label)로 1위를 차지했다.

토레스는 현재 스페인뿐만 아니라 미국과 칠레에서도 와인을 생산하고 있다. 1975년에 미국 캘리포니아에 마리마르 토레스(Marimar Torres)를 설립하였고, 1979년에는 칠레의 센트럴 밸리(Centural Valley)에 와이너리를 설립하여 와인을 생산하고 있다.

(2) 코도르니우(Codorniu)

코도르니우는 1551년 스페인 카탈로니아(Catalonia)에 와이너리를 세워 와인을 생산하기 시작하였다. 창업주인 '자우메 코도르니우(Jaume Codorniu)'의 이름을 따서 '코도르니우'라는 회사명을 만들었으며, 코도르니우는 가족 경영 와이너리로 지금까지 그 대를 이어 운영되고 있다.

코도르니우의 대표인 돈 호세 라벤토스(Don José Raventós)가 프랑스 샹파뉴를 방문한 후, 1872년부터 카바를 생산하기 시작하였다. 그는 스페인 최초로 샴페인 제조방식으로 만든 스파클링 와인인 카바를 생산하였으며, 연간 6000만병 이상의 카바를 생산하고 있다. 1904년에는 스페인 국왕이 인정하여 황실에서 사용되었을 정도로 코도르니우 와인의 명성은 높았다.

코도르니우는 세계 최대의 지하 셀러를 보유하고 있는데 그 길이가 30㎞나 되는 엄청난 규모라고 한다. 코도르니우는 스페인 카바 생산량의 약 42%를 점유하고 있으며, 수출의 23%를 점유하고 있는 최대의 와인 회사이다.

3. 리베라 델 두에로(Ribera del Duero)

마드리드 120km 북쪽에 위치한 리베라 델 두에로는 해발 750~800m에 포도원이 조성되어 있다. 이곳은 대륙성, 지중해성 기후를 띠며 연간강우량은 450mm이다. 여름에는 40℃까지 온도가 오르는 무덥고 건조한 날씨이며, 겨울에는 −18℃까지 떨어지는 극단적 날씨를 보인다. 연간일조량은 2400시간 이상이다. 토양은 점토와 석회질로 포도재배에 적합하다.

틴토 피노(Tinto Fino : 템프라니요의 지역변종) 품종으로 만들어지는 와인이 생산량의 95%를 차지한다. 소량의 카베르네 쇼비뇽, 시라, 가르나차, 말벡, 그리고 메를로를 재배하며 대부분 틴토 피노에 블렌딩한다.

이곳의 와인은 훌륭한 바디감과 파워풀한 과일 향과 나무 향의 조화가 특징적

이다. 훌륭한 빈티지로는 1989, 1995, 1996, 1999, 2001, 2004이다.

1980년대 초반만 해도 잘 알려지지 않았던 이곳의 와인은 스페인에서 가장 빠르게 성장하고 있는 곳으로 현재 리오하와 경쟁하고 있다. 유명한 생산자 베가 시실리아(Vega Sicilia)는 1860년대에 이곳에 포도원을 설립하여 우니코(Unico) 와인 생산으로 유명하다. 이 와인은 10년의 오크숙성을 거친 뒤 판매되는 고가의 와인이다.

4. 프리오라트(Priorat)

프리오라트는 카탈로니아(Catalunya) 지방의 서쪽에 위치해 있는 작은 와인 산지이다. 이곳은 스페인의 와인산지 중 급부상하고 있는 지역으로 1990년대 초만 해도 이곳에 대해 알려진 바가 거의 없었다.

이곳은 대부분 레드 와인을 생산하며, 품종은 카리네라, 가르나차, 카베르네 쇼비뇽, 메를로, 시라 등이 사용된다. 이곳의 레드 와인은 강렬한 잉크빛에 파워풀하며, 잘 익은 블랙베리, 초콜릿, 감초의 풍미가 난다. 2003년에 DOCa 등급을 받은 곳으로 앞으로가 더 기대되는 와인산지이다.

5. 헤레스(Jerez)

헤레스는 스페인을 대표하는 와인인 셰리(Sherry)를 생산하는 곳으로 유명하다. 셰리는 스페인의 강화 와인으로 주로 식전주와 디저트 와인으로 즐겨 마신다. 셰리는 헤레스의 영어식 발음으로 이들의 와인을 수입한 영국인들이 영어식으로 발음하게 되면서 여러 차례 변형(Jerez–Xérèz–Sherry)되어 마침내 '셰리'라는 이름이 탄생하게 된 것이다.

헤레스는 스페인의 가장 남쪽 안달루시아(Andalucia) 지방에 위치하고 있다. 포도재배 면적은 약 1만 5천ha이다. 이 지역의 기후는 일년 중 약 300일 정도는 태양이 내리쬐며, 약 70일은 비가 내린다. 비는 대부분 10월에서 5월 사이에 내린다. 여름에는 온도가 40℃까지 높게 오르며 건조하고 덥다. 하지만 이른 아침 포도밭으로 수분을 머금은 해안에서 불어오는 바람과 점토질의 토양이 수분을 머금고 있어 포도재배가 가능하다. 연평균 기온은 약 18℃이다.

헤레스의 포도밭의 토양은 크게 세 가지(알바리사, 바로스, 아레나스)로 구분할 수 있다.

- 알바리사(Albariza) : 가장 밝은 색을 띠는 토양으로 대부분 흰색을 띤다. 약 40~50%가 백악이며, 나머지는 석회석, 점토, 모래가 섞여있다. 더운 여름 동안 수분을 잘 머금고 있는 특징이 있다.
- 바로스(Barros) : 어두운 갈색의 토양으로 10%의 백악과 점토가 많은 비율로 섞여있다.
- 아레나스(Arenas) : 노란색을 띠는 토양으로 10%의 백악과 모래가 많은 비율로 섞여 있다.

셰리는 팔로미노(Palomino), 페드로 히메네스(Pedro Ximénez), 모스카텔 틴토(Moscatel Tinto) 등 세 가지 포도품종을 이용하여 만드는데 알바리사 토양에서는 팔로미노가 가장 잘 자란다. 셰리와인 양조 시 포도의 40%는 알바리사 토양에서 재배한 포도로 만들어야만 하는 법적 규정이 있다. 바로스와 아레나스 토양에서

는 페드로 히메네스와 모스카텔 틴토를 재배한다.

팔로미노가 셰리의 주품종으로 사용되고 페드로 히메네스는 스위트 셰리를 만들거나 블렌딩용으로 주로 사용된다. 모스카텔 틴토 역시 블렌딩용으로 사용된다.

1) 셰리의 종류

셰리는 그 종류가 다양하다. 크게 피노(Fino) 타입과 올로로소(Oloroso) 타입의 셰리로 크게 두 가지로 나눌 수 있다. 피노 타입의 셰리는 가볍고 드라이한 특성이 있고 올로로소 타입의 셰리는 갈색의 진한 색을 띠며 견과류의 향이 나는 묵직한 스타일을 기본으로 스위트한 올로로소도 있다.

피노 타입의 셰리에는 피노, 만사니야, 아몬티야도, 팔로 코르타도가 있으며, 올로로소 타입에는 올로로소, 크림, 페드로 히메네스가 있다. 각각의 특징에 대해 살펴보도록 하자.

(1) 피노 타입의 셰리

- 피노(Fino) : 갓 출고된 알코올 함량이 낮고 색이 옅으며, 가벼운 맛의 셰리이다. 피노 셰리는 7~10℃로 차갑게 마시는 것이 좋다. 피노는 플로르(Flor)라는 헤레스만의 특유한 효모 막 아래에서 숙성된다.
- 만사니야(Manzanilla)는 피노와 만드는 방식이 같으며, 대서양 연안의 산루카르 데 바라메다(Sanlúcar de Barrameda)라는 조그마한 해안 도시에서 생산되는 드라이 셰리이다. 따라서 만사니야는 바다의 습한 공기로 인해 바다의 짭짤한 맛이 난다. 또한 효모가 바다의 시원한 기온에서 잘 자라는 특성으로 효모막의 층이 두껍게 형성되어 공기로부터 와인을 더 잘 보호해 줄 수 있다. 따라서 다른 피노 셰리에 비해 가볍고 좀더 섬세한 맛을 지니고 있다. 만사니야 역시 7~10℃로 차갑게 마시는 것이 좋다.
- 아몬티야도(Amontillado) : 피노를 장기간 숙성하여 무게감 있는 고품질의 셰리로 만든 것이다. 피노보다 어둡고 올로로소 보다는 밝은 색을 띤다.
- 팔로 코르타도(Palo Cortado) : 아몬티야도와 올로로소의 중간정도로 드라이하다. 즉 드라이한 아몬티야도라고 할 수 있으며 희귀한 타입의 셰리이다.

(2) 올로로소 타입의 셰리

– 올로로소(Oloroso) : 플로르를 사용하지 않고 공기와의 접촉을 통해 숙성된다. 올로로소는 아몬티아도 보다 어두운 색을 띠며 견과류의 풍미가 난다. 올로로소는 12~14℃의 온도로 마시는 것이 좋다.

– 크림(Cream) : 원래 영국 수출의 용도로 생산되었다. 올로로소에 페드로 히메네스를 넣어 만들며 당도는 메이커에 따라 달라진다. 페일, 미디엄 크림 등 여러 가지 종류가 있다.

– 페드로 히메네스(Pedro Ximénez) : 페드로 히메네스는 팔로미노 품종으로 만드는 다른 셰리와 다르게 페드로 히메네스 품종으로 만든다. 이 셰리는 농밀한 형태의 스위트 셰리로 보통 드라이한 셰리를 달게 만들 때 사용한다. 디저트 와인으로 이 자체로 마시기도 하며 아이스크림에 뿌려 먹기도 한다.

2) 셰리의 숙성 - 솔레라(Solera) 시스템

셰리 와인은 늘 동일한 품질을 유지하는데, '솔레라 시스템'이라는 독특한 블렌딩 방식을 거치기 때문에 가능한 것이다. 솔레라 시스템은 셰리 와인 통을 여러 단으로 쌓아 각 통들을 서로 연결시켜 와인 통의 위치 차이에 의해 맨 아래 통에서 와인을 따라내면 위에 있는 와인들이 자연스럽게 아래로 흘러 들어갈 수 있도록 하여 자동으로 블렌딩되는 시스템이다. 가장 아래 통의 와인이 가장 오래된 와인이고 위로 올라갈수록 영(young)한 와인이 되는 것이다. 따라서 셰리에는 빈티지가 없다. 이러한 솔레라 시스템으로 셰리 와인은 고유의 맛과 향을 유지할 수 있는 것이다.

3) 유명한 셰리 회사

유명한 셰리 생산회사로는 가르베이(Garvey), 곤살레스 비아스(González Byass), 디오스 바코(Dios Baco), 도메크(Domecq), 레이 페르난도 데 카스티야(Rey Fernando de Castilla), 마에스트로 시에라(Maestro Sierra) 등이 있다.

6. 라 만차(la Mancha)

라만차는 스페인의 중부지역으로 가장 넓은 와인재배 지역이다.

해발 680~710m의 대륙성 기후의 고원지대이며, 포도원은 해발 500~650m에 조성되어 있다.[10] 이곳은 가뭄이 잦으며, 여름에는 매우 덥고, 겨울에는 매우 춥다. 와인은 레드 와인, 로제 와인, 그리고 화이트 와인을 생산하고 있으며, 아이렌(Airén) 화이트 품종이 라만차의 포도원에서 재배하고 있는 포도의 약 80%를 차지하며, 그 뒤를 이어 마카베오(Macabeo)가 많이 재배된다. 레드 품종으로는 템프라니요로 알려진 센시벨(Cencibel)과 가르나차(Garnacha)가 재배된다.

7. 루에다(Rueda)

루에다는 마드리드(Madrid)의 북서쪽으로 약 170km 떨어진 바야돌리드(Valladolid) 주의 중앙지역에 위치하고 있으며, 그 사이로 두에로 강이 흐르고 있다. 여름에는 30℃까지 기온이 오르며, 겨울에는 영하로 떨어지는 추운 날씨를 보인다. 연평균 강수량은 400mm이며, 포도나무가 받는 연평균일조량은 2700시간이다. 이곳의 토양은 충적토에 석회가 많이 섞여있다. 남쪽의 표토(表土)는 갈색으로 모래와 자갈이 섞여있으며, 심토(心土)는 점토질로 되어 있다. 배수가 좋으며, 철분성분이 많이 존재한다.

이곳에서 허가되어진 화이트 주품종으로는 베르데호(Verdejo), 비우라(Viura), 쇼비뇽 블랑 등이 있으며, 레드 품종으로는 템프라니요, 카베르네 쇼비뇽, 메를로, 가르나차 등이 있다. 허가된 화이트 품종의 재배량은 1ha당 8천kg이다. 최근 생겨나는 포도원에서는 포도나무 사이 줄 간격이 3m가 되어야 기계화할 수 있으며, 관개는 특별한 환경에서만 허가하고 있다.

10) 김준철(2006). 와인 인사이클로피디아, 세종서적: 서울

제 7 장 포르투갈 와인

제1절 포르투갈 와인의 개요

포르투갈은 스페인과 마찬가지로 고대 그리스, 로마시대부터 와인을 생산하는 와인 생산대국이다. 포르투갈의 북부는 대서양 기후를 띠며, 남부는 지중해성 기후를 띤다.

와인 양조에 있어 포르투갈은 아직도 전통적인 방법을 고수하는 생산자들이 많다.

그 이유는 포르투갈을 대표하는 포트(Port) 와인의 중요성이 가장 큰 이유 중 하나이다. 포트 와인은 포르투갈의 달콤한 주정 강화 와인으로 전 세계적으로 유명하다.

그리고 마데이라(Madeira) 역시 포르투갈을 대표하는 주정 강화 와인으로 유명하며, 로제 와인으로 도자기에 들어 있는 '란세르(Lancers)'와 플라스크 모양의 병에 든 '마테우스(Mateus)'는 한때 세계적인 인기를 끌었었다.

포트 와인의 명성에 가려 일반 테이블 와인이 빛을 보지 못하고 있지만, 1980년대 후반부터 활발한 투자와 현대화로 1990년대 초반을 기점으로 품질이 급격히 향상되어 현재 우수한 와인들을 생산해 내고 있다.

제2절 포르투갈 와인의 품질체계

1. 포르투갈 와인 등급 체계

1986년 유럽연합(EU) 가입 후 개정되어 고급 와인과 테이블 와인으로 나누어 이를 다시 2개의 등급으로 분류하였다. 따라서 총 4개의 등급 체계를 갖추고 있다.

1) Denominação de Origem Controlada(DOC, 데노미나시옹 드 오리젱 콘트롤라다)

: 원산지 명칭 통제와인으로 프랑스의 AOC 등급에 해당한다.

2) Indicação de Proveniencia Regulamentada(IPR, 인디까시옹 드 프로브니엥시아 헤귤라멘따다)

: 프랑스의 VDQS 등급에 해당하며, DOC 와인이 되기 전 준비단계이다.

3) Vinho Regional(VR, 비뉴 헤지오날)

: 프랑스의 뱅 드 페이(Vin de pays) 등급에 해당한다.

4) Vinho de Mesa(VdM, 비뉴 드 메자)

: 테이블 와인에 해당하며, 원산지 표기가 의무사항이 아니다.

제3절 포르투갈 와인산지

포르투갈 지도

1. 비뉴 베르드(Vinho Verde)

포르투갈의 일반 와인 중 가장 유명한 와인으로, 영어로 'Green wine'이란 뜻이다. 이 와인은 이름과 같이 상큼하고 프레시한 과일의 풍미가 나는 약발포성 와인으로 봄과 여름에 시원하게 마실 수 있는 와인이다. 이 와인은 포르투갈의 와인들 중 포트 와인 다음으로 수출량이 많은 와인이다.

알바리뉴(Alvarinho)를 주품종으로 만든 화이트 와인이 가장 유명하며 로제와 레드 와인도 인기가 좋다.

2. 도우루(Douro)

포트 와인을 생산하는 곳으로 전통적으로 포트 와인 전용 생산지였으나 1950년부터 포트 와인의 할당량을 충당한 후 일반 와인 생산이 허가되었다. 1982년 DOC 지정 이후 테이블 와인의 생산이 증가하였고, 새로운 품종개발이 활발하게 진행되고 있다.

3. 다웅(Dão)

포르투갈에서 포도재배에 가장 좋은 조건을 갖추고 있는 곳으로 레드 와인과 화이트 와인 모두 생산되나 레드의 생산량이 더 많다. 레드 와인의 경우 토우리가 나시오날(Touriga Nacional)을 최소 20%를 사용하고 다른 품종을 블렌딩하여 풀바디한 와인을 만든다.

4. 알렌테주(Alentejo)

'알렌테주'라는 것은 '강 건너편'을 의미하며 포르투갈 국토의 1/3을 차지하고 넓은 평원을 보유하고 있는 지역이다. 이 지역은 포르투갈 DOC 와인의 약 50%를 차지하고 있다. 대규모의 현대식 와이너리가 많이 있으며 전통적인 유럽품종을 도입하여 재배하고 있으며 세계의 유명 와인 생산자들이 이곳에 투자를 하고 있어서 큰 관심이 집중된 곳이다. 그리고 전 세계 코르크의 50%가 이 지방에서 생산된다.

5. 마데이라(Madeira)

마데이라는 북대서양에 위치한 포르투갈령의 화산섬의 이름이자 이곳에서 생산되는 주정 강화 와인의 이름이기도 하다.

마데이라 와인은 셰리와 포트 와인과 비슷하지만 제조과정이 조금 다르다.

마데이라에 사용되는 품종은 먼저 화이트 품종으로는 스르시알(Sercial), 베르델호(Verdelho), 보알(Boal), 말바지아(Malvasia)가 사용되며, 레드 품종으로는 틴타 네그라 몰레(Tinta Negra Mole), 테란테스(Terrantez), 바스타르도(Bastardo) 등이 사용된다.

주정 강화를 위해 알코올을 붓는 시점이 품종의 특성에 따라 발효 초기 또는 발효가 끝난 다음으로 나누어 첨가된다. 그 후 가마솥의 의미가 있는 에스투파(Estufa)라 불리는 방이나 가열로에서 약 50℃의 온도로 약 3~6개월간 가열시키는 에스투파젬(Estufagem)이라는 과정을 거치면서 만들어진다.

가장 기본 등급은 콘크리트 탱크에서 최소 3개월간 와인을 40~50℃로 가열하며, 5년 정도 된 리저브급의 마데이라와 10년 정도 된 스페셜 리저브급의 마데이라는 600L짜리 나무통에서 6~12개월간 30~40℃로 와인을 가열한다. 그리고 20~100년 정도 숙성이 가능한 빈티지 마데이라는 600L 나무통에 넣어 야외의 햇빛에 의해 숙성시키는데, 경우에 따라 10~20년간 숙성 기간을 두기도 한다.

제4절 포트와인(Port Wine)

포트 와인은 와인의 발효 공정에서 브랜디를 첨가하여 양조시킨 주정 강화 와인으로, 스페인의 셰리 와인과 포르투갈의 마데이라와 함께 세계 3대 주정 강화 와인으로 불린다. 포트 와인은 포르투갈의 도우루 지역의 특정 포트 지역에서만 생산된다.

포트 와인에 사용되는 포도품종 중 토우리가 나시오날(Touriga Nacional)이 가장 중요한 품종이자 도우루에서 가장 좋은 포도로 평가받고 있다. 그 외에 틴토 까웅(Tinto Cão), 틴타 호리스(Tinta Roriz), 틴타 바호카(Tinta Barroca), 토우리가 프란세자(Touriga Francesa) 5종이 중요한 포트 포도품종으로 꼽힌다.

1. 포트 와인 양조법

수확된 포도를 으깬 후 탱크에 넣어 침용시키는데, 1960년대까지 이 과정을 수작업, 즉 라가레(Lagares)라고 하는 돌로 만든 통 속에서 사람들이 직접 발로 밟아

포도를 으깼다. 현재 대부분의 포트 와인 생산자들은 기계를 이용하지만, 최고의 포도 중 일부를 이러한 전통적인 방식으로 만드는 생산자도 있다.

이와 같이 발로 으깨는 작업을 하는 이유는 포트 와인의 양조 과정의 특성상 다른 일반 와인보다 발효 기간이 짧아 색소와 타닌성분이 제대로 우러나오게 하기 위해서이다. 포트 와인의 경우 발효 기간이 침용 기간을 포함하여 2~3일 정도로 짧은데다가 발효 도중에 브랜디를 첨가하여 발효를 중단시키므로 성분들이 제대로 추출되기가 힘들기 때문이다.

포도즙에 함유된 당분이 절반쯤 발효된 시점에서 발효 통 속에 브랜디를 투입하는데, 투입하는 브랜디는 대략 77%의 무색 포도 증류주로 와인과 브랜디의 비율을 약 4 : 1로 첨가해 준다. 브랜디가 투입되면 와인에 남아있던 효모들이 죽어버리므로 발효는 저절로 중단된다. 따라서 와인 안에는 알코올로 발효되지 못한 당분이 남아서 포트 특유의 단맛을 띠게 되는 것이다. 이렇게 만들어진 포트는 통 속에 넣어 일정 기간 동안 숙성 과정을 거친 후, 종류에 따라 병에 담은 후 또 다시 오랜 기간의 재숙성 과정을 거치게 된다. 이러한 숙성 과정에 따라 포트의 종류가 결정된다.

2. 포트 와인의 종류

보통 색깔에 따라 루비 스타일과 토니 스타일의 두 가지로 분류할 수 있으며, 또 나무통 숙성과 병 숙성의 두 가지로 나눌 수도 있다.

1) 루비(Ruby) 포트

루비 포트는 빈티지 상관없이 레드 품종으로 만든 포트로서 맛이 신선하고 과일 향이 풍부하다.

대형 오크통이나 탱크에서 2~3년 숙성시키며 병 숙성은 하지 않는다.

2) 화이트(White) 포트

화이트 품종으로 만들며 포트 전체 생산량 중 소량 생산된다. 대부분 스위트하지만 드라이한 것도 있다.

3) 영 토니(Young Tawny) 포트

영 토니 포트에 사용되는 포도는 도우루 지역에서도 명성이 좀 떨어지는 곳에서 재배한 것으로 만들어진다. 영 토니 포트는 3년 이하로 숙성시키며, 옅은 호박색을 띤다. 발효 중 포도즙과 껍질의 침용 시간을 최소화하거나 화이트 포트를 블렌딩하기 때문에 연한 색이 나온다. 오크통이나 탱크에서 2~3년 숙성시키며 병숙성은 하지 않고 바로 마신다. 루비 포트보다 맛이 부드럽다.

4) 에이지드 토니(Aged Tawny) 포트

에이지드 토니 포트는 오크통에서 숙성되면서 견과류, 바닐라, 캐러멜의 풍미와 부드러운 질감을 가지고 있다. 빈티지를 구분하지 않고 블렌딩하여 작은 오크통에서 10, 20, 30, 40년 단위로 장기간 숙성시켜 색이 옅게 변한다.

5) 빈티지(Vintage) 포트

빈티지 포트는 10년에 서너번 정도의 특별히 좋은 해에 수확한 포도로 만든 포트를 말한다. 1963년과 1994년이 최고의 빈티지로 알려져 있다.

빈티지 포트는 병에서 숙성이 되지 않는 다른 포트와는 달리 병에서 숙성이 진행되어 맛이 더욱 부드러워진다. 빈티지 포트는 필터링 작업을 하지 않고 병입되므로 마실 때 디캔팅이 필요하다.

6) 레이트 보틀드 빈티지(Late Bottled Vintage) 포트

명칭이 빈티지 포트보다 우수해 보일지 모르겠지만 그와 반대로 이 와인은 빈티지 포트가 지닌 진하고 복합적이며 세련된 특성이 부족하다. 그리고 빈티지 포트와 다르게 매년 양조되며 가격은 빈티지 포트의 절반 수준이다.

대형 오크통에서 4~6년 숙성된 후 병입되는데 병 숙성없이 바로 마시는 것이 좋다. 빈티지 포트와 다르게 병입 전에 여과 과정을 거쳐 침전물을 걸러내기 때문에 디캔팅이 필요치 않다.

7) 트래디셔널 레이트 보틀드 빈티지(Traditional Late Bottled Vintage) 포트

이 포트 와인은 빈티지 포트처럼 만들지만 최고의 빈티지가 아닌 괜찮은 정도의 빈티지 포도로 만든다. 대형 오크통에서 4년간 숙성되며 병 숙성 없이 바로 마시면 된다. 그러나 20년까지도 숙성이 가능하다. 필터링 작업을 거치지 않아 마실 때 디캔팅이 필요하다.

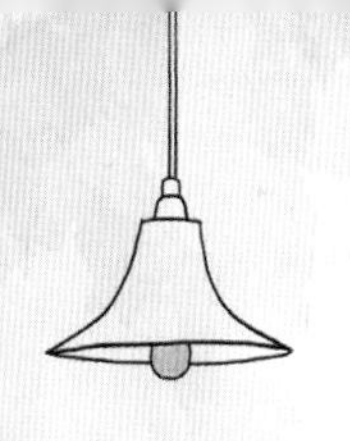

제3부 와인소믈리에 실무

제 1 장 와인과 음식

제1절 와인과 음식(마리아주)

음식은 그에 맞는 좋은 와인과 함께 했을 때 그 맛과 풍미가 배가 된다. 오죽하면 '마리아주(Mariage)'라는 결혼에 비유했겠는가? 와인과 음식의 조합은 결혼과 같이 서로에게 잘 맞는 제짝을 만나는 것이 중요하다. 아무리 좋은 사람도 자신과 성격이 맞지 않는 사람을 만나게 되면 관계 유지가 힘들듯이 와인과 음식도 마찬가지이다. 아무리 훌륭한 음식도 그에 맞지 않는 와인을 만나게 되면 아무리 훌륭한 와인이라도 제대로 된 맛을 내기 힘들다. 때론 와인과 음식의 잘못된 만남으로 인해 불쾌한 맛을 경험하게 되는 경우도 종종 발생한다.

와인과 음식의 조합에 있어 절대적인 법칙은 없지만 분명 잘 어울리는 조합은 존재하므로 이와 관련된 매칭의 기본을 알아둔다면 우리의 식사가 더욱 풍요롭고 즐거워지지 않을까 생각한다. 물론 와인소믈리에들은 음식에 맞는 와인을 고객에게 추천하는 일이 가장 중요한 직무이므로 전문적인 지식을 바탕으로 다양한 경험과 새로운 시도를 통한 노력이 필요하다.

마리아주(Mariage)
음식과 와인의 어울리는 매칭

음식과 와인은 서로 비슷한 특성을 가졌거나 전혀 다른 특성을 가진 것끼리 매칭한다.

비슷한 특성을 가진 음식과 와인은 서로의 맛을 상승시켜주는 역할을 하고, 서로 다른 특성을 가진 음식과 와인은 상호보완작용을 통해 서로의 부족한 부분을 채워주어 맛의 조화를 이루게 된다.

1. 음식과 와인 매칭의 기본

음식과 와인은 서로의 맛을 덮지 않아야 한다. 즉, 균형을 잘 이루어야 한다. 어느 한쪽의 맛이 다른 한쪽의 맛을 덮거나 압도하지 않아야 한다. 레드 와인에 함유되어 있는 타닌은 고기에 함유되어 있는 단백질과 잘 어울려 소고기, 돼지고기, 양고기 등과 같은 육류는 레드 와인과 즐기는 것이 좋다. 생선은 화이트 와인과 잘 어울리지만 기름기가 많은 생선(연어, 참치 등)은 라이트 바디의 레드 와인이 어울리기도 한다.

주의해야 할 매칭

비린내가 강한 생선요리와 향이 강한 와인 – 비린내를 강하게 함
레드 와인과 생선요리 – 금속 맛이 느껴짐

화이트 와인은 산(시큼함)이 주를 이루고 레드 와인은 타닌(떫음)이 주를 이룬다. 기본적으로 생선에는 화이트 와인을 육류에는 레드 와인을 매칭하지만, 요리의 소스에 따라 그 매칭이 맛이 확연히 달라지는 요리는 제공되는 소스를 고려해야 한다. 이 경우 소스에 사용된 와인을 마시면 좋다.

진한 소스는 레드 와인이 어울리고 가벼운 소스는 화이트 와인이 어울린다.

마지막으로 동일한 지역의 음식과 와인을 매칭하는 것이 좋다. 프랑스 요리에는 프랑스 와인을 매칭한다는 것이다.

와인의 매칭이 어려운 음식

매운 음식은 와인의 매칭이 어렵다.
신 음식은 와인의 매칭을 피한다.
위와 같은 특성을 가지고 있는 음식에 와인을 매칭하면 음식의 강한 향과 성분들이 와인의 특성을 덮어버리기 때문이다.

2. 와인을 구성하는 맛과 음식

1) 쓴맛(떫은 맛)

와인에 함유되어 있는 타닌 성분이 쓴맛을 내는 것으로 레드 와인의 품질에 큰 영향을 준다. 반면 화이트 와인은 새콤달콤한 맛 즉, 산도와 당도가 품질을 좌우한다.

와인의 타닌 성분은 고기요리를 부드럽게 한다.

타닌은 기름기가 강한 생선 요리와 매칭하면 금속성 냄새가 날 수 있고, 짠맛이 강한 음식과 매칭하면 쓴맛이 더욱 강해진다. 떫은 와인은 음식의 달콤함을 감소시킨다. 그리고 단백질과 지방이 풍부한 음식은 와인의 떫은 맛을 감소시킨다.

2) 신맛

신맛이 나는 와인은 음식의 느끼함을 제거해 음식을 부드럽게 한다. 그리고 음식의 신맛은 와인의 신맛을 상큼한 신맛으로 만든다.

기름기가 많은 생선요리는 신맛이 있는 화이트 와인이 적당하다. 신맛과 짠맛이 강한 음식은 와인의 산도를 줄여 와인을 부드럽게 한다. 그리고 신맛은 음식을 짜게 느끼게 한다.

3) 단맛

단맛은 음식의 짠맛을 누그러뜨리므로 짠 음식과 단 와인은 기본적으로 잘 어울린다. 단와인을 단음식과 마시면 단맛이 기분 좋은 달콤함으로 변한다.

간장이나 소금에 절인 음식은 과일 맛이 강한 와인과 잘 어울린다. 알코올도수가 높은 와인은 조금 단 음식과 잘 어울린다. 짠 음식은 와인의 단맛을 감소시키며 포도의 맛을 강하게 함으로 음식의 맛을 돋워준다.

음식과 와인의 특성별 매칭

음식의 특성	와인의 특성
지방과 단백질이 풍부한 요리	타닌이 풍부한 와인
크림소스가 들어간 요리	산미가 풍부한 와인
향이 강한 음식	향이 강한 와인
와인 매칭이 어려운 음식	과일 향이 짙은 와인

레드포도품종에 따른 와인의 특성과 그에 어울리는 요리

포도품종	와인의 특성(맛과 향)	요리
카베르네 쇼비뇽	풍부한 타닌, 떫은 맛 강함	소고기, 양고기, 토마토소스
메를로	타닌과 산도가 적어 부드러운 맛	소고기, 양고기, 돼지고기, 생선회, 장어, 연어, 피자, 토마토소스
카베르네 프랑	적당한 타닌	
말벡	풍부한 타닌과 낮은 산도	양고기
피노 누와	카베르네 쇼비뇽과 메를로의 중간 맛	소고기, 양고기, 돼지고기, 흰살생선, 장어, 간장소스, 피자
가메	산도가 강하고 타닌이 거의 없음	돼지고기, 연어, 참치, 오리고기
시라(시라즈)	타닌이 풍부하고 풍부한 과일 향	소고기, 돼지고기, 피자, 토마토소스
진판델	풍부한 타닌과 적당한 산도 딸기 향 풍부	소고기, 양고기, 닭고기, 토마토소스
산지오베제	타닌과 산도 적당(키안티 와인/풍부한 향)	파스타, 피자, 로스트 혹은 그릴한 고기, 토마토소스
네비올로	풍부한 타닌	양고기, 사슴고기
템프라니요	과일 향이 풍부한 와인	양고기, 소고기

화이트포도품종에 따른 와인의 특성과 그에 어울리는 요리

포도품종	와인의 특성(맛과 향)	요리
샤르도네	과일향이 풍부한 가벼운 스타일의 와인에서부터 버터, 견과류, 바닐라 등의 향이 나는 오크통 숙성한 무게감 있는 와인까지 다양한 스타일로 생산	닭고기, 흰살 생선, 연어, 새우, 바닷가재, 홍합, 굴, 관자, 간장소스, 크림소스, 버터소스
쇼비뇽 블랑	풍부한 산미로 식전주	닭고기, 생선회, 새우, 바닷가재, 홍합, 굴, 관자, 크림소스
세미용	산도가 낮고 향이 강함	홍합
리슬링	당도와 산도의 적절한 조화	돼지고기, 흰살 생선, 생선회, 새우, 홍합, 굴

3. 요리 코스별 와인 매칭

1) 에피타이저

에피타이저(전채요리)는 이후에 제공되는 요리의 소화를 돕고 입맛을 돋우기 위하여 제공되는 코스이다. 따라서 단맛의 와인은 금물이며 드라이한 화이트 와인이 잘 어울린다. 스페인의 셰리 와인이 대표적이며, 드라이한 샴페인과 스파클링 와인도 좋다. 또한 산미가 살아있는 드라이 화이트 와인을 매칭하는 것도 좋다.

2) 스프

와인을 곁들이지 않고 먹는 것이 보통이나 특유한 향과 특징을 가진 스프는 그 향과 맛에 맞추어 매칭하는 것이 좋다. 프랜치 어니언 스프는 치즈그라땅된 빵조각이 올라가는데 그 맛에 어울리는 와인을 매칭하고 크램차우더 스프는 소스에 어울리는 와인을 매칭하는 것이 좋다.

3) 생선

생선은 기본적으로 드라이하고 상쾌한 맛의 화이트 와인을 매칭한다. 매칭할 때는 소스의 종류에 따라 매칭되는 와인을 고려해야 한다. 가벼운 레드 와인의 경우 생선과 매칭하는 경우도 있다. 이때는 타닌의 양을 고려하여 타닌이 적은 와인으로 매칭하여야 한다. 생선 중 기름지고 강한 맛을 내는 생선을 주로 레드 와인이랑 매칭한다. 소스에 허브를 많이 사용한 경우 요리에 강한 향이 있으므로 향이 강한 레드 와인(키안티)을 매칭한다. 상큼한 화이트 와인은 생선의 비린내를 없애고 담백함을 살린다.

4) 샐러드

에피타이저와 마찬가지로 소스를 고려해야 한다. 식초를 베이스로 하는 샐러드 요리는 와인을 매칭하지 않는 편이 좋다.

5) 메인

메인요리는 일반적으로 육고기가 제공된다. 따라서 기본적으로 레드 와인을 매칭한다. 소고기와 양고기는 타닌이 많이 함유된 레드 와인이 어울리고, 닭고기, 돼지고기, 송아지고기와 같은 흰색 육류는 레드 와인과 가장 유사한 성격을 지닌 화이트 와인(샤르도네)을 매칭한다. 그러나 이들 고기가 직화되었다면 그 맛이 강해졌기 때문에 과일 향이 강하거나 가벼운 레드 와인이 좋다. 레드 와인은 육류의 지방을 분해하는데 필요한 타닌이 풍부하다.

6) 디저트

기본적으로 달콤한 와인을 매칭한다. 이 경우 달콤한 디저트가 제공되었을 경우이다. 과일 또는 치즈가 제공되었을 경우 제공된 디저트의 특성을 고려해 매칭해야 한다. 달콤한 와인은 포트, 크림셰리, 아이스 와인, 소테른의 디저트 와인 등이 있으며 화이트 진판델의 경우 디저트와 잘 매칭하면 훌륭한 와인이 된다.

디저트 요리가 와인보다 단맛이 강해서는 안 된다. 왜냐하면 요리의 강한 단맛은 와인 맛을 심심하게 만들어 와인 고유의 특징을 잃게 하기 때문이다.

제2장 와인과 건강

제1절 와인과 건강

1. 와인의 성분

와인은 수분이 약 85%로 와인의 대부분을 차지하고 여기에 알코올이 9~13%를 차지한다. 당분, 타닌, 유기산과 폴리페놀 그리고 비타민 등 300여 가지의 무기질이 들어 있다. 이러한 성분이 포함되어 있는 와인은 다이어트 보조식픔으로 훌륭한 역할을 한다. 와인에 함유되어 있는 비타민과 무기질로 다이어트로 발생하는 영양의 불균형을 해소하고 무기질의 흡수도 도와준다.

1) 알코올

포도에 포함되어 있던 포도당과 과당이 포도껍질에 있는 효모와 만나 화학작용을 하여 알코올이 생성된다. 이러한 포도의 당은 품종과 떼루아에 따라 차이가 있다. 이론적으로는 당분의 함량이 높으면 알코올이 많이 생성되고 알코올의 함량이 적으면 알코올이 적게 생성된다. 그러나 이러한 결정은 양조과정에서 의사결정자가 결정한다. 스위트한 와인은 알코올 발효를 완전히 하지 않고 당분이 남아 있는 상태로 발효를 멈추는 것이다.

2) 비타민

와인에는 비타민 B1과 B2가 소량 포함되어 있다. 레드 와인은 화이트 와인보다 더 많은 양의 비타민을 함유하고 있다.

3) 폴리페놀

와인에 포함되어 있는 폴리페놀은 심장질환과 고혈압 등의 성인병에 좋고 활성산소를 제거하는 항산화제 역할을 한다. 폴리페놀은 레드 와인 1L에 3~4g, 화이트 와인 1L에 약 2g이 함유되어 있다.

4) 무기질

나트륨, 칼슘, 구리, 철, 요오드, 마그네슘, 인, 아연 등이 함유되어 있다.

2. 와인과 신진대사

1) 두통

한 잔의 술에 함유되어 있는 알코올을 완전히 분해하기 위해서 약 1시간이 필요하다. 따라서 분해하는 속도보다 섭취하는 속도가 더 느려 우리 몸은 반응을 나타낸다. 그렇다고 한 시간에 한 잔을 마시는 사람은 없을 것이다. 이러한 불균형은 두통, 매스꺼움 등의 반응이 나타나기도 한다. 두통은 뇌 속에 압력이 높아지면 발생한다. 두통의 이유는 아세트알데히드가 혈액에서 순환하는 것이 아니라 일부가 조직에 침투되어 물을 배출하도록 유도하기 때문이다. 이러한 배출현상은 뇌에서도 일어나는데 뇌 밖으로 물을 배출하지 못하면 압력이 높아져 두통현상이 일어난다.

아세트알데히드(Acetaldehyde)

간에서 생성되는 ADH 효소는 알코올을 아세트알데히드로 분해한 후 식초산으로 분해한다.
식초산(아세테이트)은 신체에서 분해되어 간으로 전달
와인 한잔의 양을 1시간에 동안 분해

2) 숙취

어지럽고, 매스껍고, 머리가 아픈 현상이 음주 다음날까지 이어지면 숙취이다. 이것은 전날 과음을 해서 나타나는 현상이다. 와인이 건강에 도움이 되는 술이지만 많이 마셨을 경우 기타 술과 마찬가지로 이러한 현상이 나타난다. 과유불급(過猶不及)이라는 말이 다시 생각나는 시간이다.

3) 소화

와인은 위산의 분비를 자극한다. 위산은 지방질과 단백질을 분해한다. 따라서 와인은 식사와 함께 즐기는 것이 좋다.

4) 신경계

위에서 흡수된 알코올은 간으로 전달된다. 단시간에 많은 양의 알코올을 섭취하면 알코올과 아세트알데히드가 혈액 속에 남아 이 두 성분이 조직 속에 용해되어 흡수되면 신경계를 자극한다. 그 증상은 인지력 약화, 현기증, 평행감각 약화 현상이 나타나고 알코올로 혈관이 확장되어 땀분비와 이뇨작용을 활성화한다.

3. 와인과 건강

1) 와인의 칼로리 함량

와인은 칼로리 함량이 높은 편이다. 주 칼로리원은 알코올이다. 일반적으로 와인 한 병(750ml)에 500kcal 이상의 칼로리를 포함하고 있다.

2) 포도의 영양소

포도는 미네랄이 풍부한 알칼리성 과일로서 이를 양조한 와인은 술 중에 유일하게 알칼리성 술이다. 포도는 산성화되기 쉬운 현대인들의 건강에 도움이 되는 과일이며 피로 회복, 피부 미용에 좋고, 소화불량, 식욕부진을 개선할 수 있다. 레드 와인은 노화를 방지하고 콜레스테롤을 분해하여 심장병 예방에 도움이 된다.

3) 와인의 효능

히포크라테스는 와인에 물과 향료를 혼합하여 두통, 소화장애를 치료하였고 해열을 위하여도 사용하였다. 즉, 아주 옛날에는 와인을 외상 치료제, 수면제, 안정제로 사용하였다. 그리고 와인은 수소이온농도가 3.0~3.6pH의 알칼리성으로 체질개선에 도움을 준다.

(1) 성인병 예방

와인에 함유되어 있는 칼슘과 칼륨은 골다공증과 성인병을 예방한다. 그리고 콜레스테롤을 감소시키는 역할을 한다. 포도당을 기본으로 하는 사포닌(Saponins)은 포도껍질에 함유되어 있는 성분으로 콜레스테롤을 감소시키는 작용을 한다. 이 기능은 포도자체가 가지고 있는 것이 아니라 와인으로 양조되었을 때 나타나는 기능이다.

(2) 치매 예방

하루에 3~4잔의 와인을 마시는 사람은 그렇지 않은 사람보다 노인성 치매 발병률이 75% 낮다.

(3) 심근경색

폴리페놀은 항산화제로 콜레스테롤을 낮춰 심근경색을 예방하는 역할을 한다. 전반적으로 심혈관 계통에 도움이 된다. 또한 와인에 함유되어 있는 플라보노이드는 혈액순환을 방해하는 혈전 생성을 억제해 심장병과 동맥경화를 예방해 준다.

(4) 고혈압

타닌과 페놀은 고혈압, 동맥경화 그리고 심장병에 효능이 있다.

(5) 암 예방

폴리페놀은 감기바이러스에 효능이 있고, 케르세틴 성분을 가지고 있어 암 예

방에 좋다. 페놀과 타닌의 함량은 비례한다. 와인의 케르세틴(Quercetin), 카테킨(Catechin) 그리고 레스베라톨(Reseveratrol)은 해독작용을 하는데 이들은 페놀의 종류에 해당한다.

(6) 편두통

레드 와인은 PST-P라는 효소를 가지고 있어 장 내의 모든 박테리아를 제거하고 해독 역할을 하여 편두통에 도움이 된다.

(7) 노화 방지

적당한 양의 와인은 와인 속의 미네랄이 여성의 칼슘 흡수를 도와주고 에스트로겐 호르몬을 유지하게 만들어 노화를 방지한다.

(8) 변비, 소화

와인에 함유되어 있는 젖산균과 글리세린은 변비해소에 효능이 있으며, 포도당과 과당은 소화를 촉진시킨다. 와인에 함유되어 있는 알코올은 위벽을 적당히 자극해 위산과 소화액의 분비를 돕는다.

(9) 감기

와인을 꾸준히 마시는 사람은 감기에 잘 걸리지 않는다. 옛날 기관지염이나 독감에 와인을 사용했다는 이야기도 전해진다. 감기가 걸렸을 때 레드 와인을 끓여 계피가루와 레몬 그리고 설탕을 넣어 만든 글루바인(Glühwein)을 마시면 감기 치료에 효과가 있다. 글루바인은 '따뜻한 와인'이란 뜻의 독일어로, 프랑스에서는 뱅쇼(Vin Chaud), 미국에서는 뮬드 와인(Mulled Wine)이라고 부른다.

적당량의 와인

와인도 술이다.
장기간 복용하면 중독되기 쉽다.
적당량의 와인은 2~4잔이다.
지나치면 모자란 것보다 못하다.

제 3 장 와인 테이스팅

제1절 와인 테이스팅 기초

와인의 특성을 파악하기 위하여 시각, 후각 그리고 미각을 이용하여 테이스팅 한 후 판단한다. 와인 테이스팅의 목적은 다음과 같다

첫째, 와인의 상태를 파악하기 위하여(와인의 상함)
둘째, 자신이 생각한 와인인지 알아보기 위하여(개인적 기호)
셋째, 행사에 어울리는 와인인지 판단하기 위하여
넷째, 주문한 음식과 어울리는지를 판단하기 위하여

와인 테이스팅을 할 때는 와인 테이스팅을 위하여 다음과 같은 사항에 유의하여야 한다.

첫째, 박하, 허브, 향신료 등의 강한 맛을 내는 것은 먹지 않도록 한다. 강한 맛은 미각을 저하시킨다.
둘째, 흡연을 피한다. 흡연은 감각을 무디게 한다.
셋째, 향수를 사용하지 않는다. 향수는 후각을 저하시킨다.

넷째, 많은 양의 와인 테이스팅은 객관적 테이스팅을 불가능하게 만든다.
(10~12가지 정도 이상적)

다섯째, 테이스팅의 순서는 화이트 와인, 영 와인부터 한다.

여섯째, 적정온도에서 테이스팅한다.

일곱째, 오전 10~12시가 가장 적당하다.

1. 시각적 감정

눈으로 와인의 외관을 살펴본다. 와인을 잔에 따른 후 흰색 바탕에 비추어 색을 관찰하는데, 와인의 색은 포도 품종, 양조 방법, 숙성 기간, 보관 상태 등 여러 요인에 의해 영향을 받는다.

눈으로 보이는 와인의 특성을 파악하여 색, 투명도(맑기), 광택, 점도 등을 파악함으로써 와인의 나이 숙성정도를 파악하거나 와인을 양조한 품종을 파악하기도 한다.

시각적으로 와인을 감정하는 절차는 다음과 같다.

첫째, 와인 글라스를 준비한다. 이 때 글라스의 물기를 완전히 제거하고 와인 글라스가 오염되어 있지 않는가를 살피기 위하여 밝은 쪽으로 비춰보고 글라스 안쪽에 냄새를 맡아본다.

둘째, 와인 글라스에 와인 1~2온스 정도를 따른다.

셋째, 와인 글라스의 손잡이 부분을 잡고 빛이 들어오는 쪽으로 비춰본다. 이 때 잔을 약간 기울이면 빛이 반사되어 와인의 광택과 맑기(투명도)를 파악할 수 있다.

넷째, 하얀 냅킨 또는 종이 위에 잔을 올려놓고 잔을 비스듬히 기울여 색을 파악한다. 이 때 여러 가지 정보를 종합하여 와인의 숙성정도, 포도 품종, 생산국 등을 추정한다.

다섯째, 부드럽게 잔을 돌리거나 비스듬히 누워있던 와인 잔을 세워 글라스의 내벽을 와인이 타고 흐르게 하여 흘러내리는 속도, 굵기, 다리수를 파악하여 와인의 점도를 파악한다. 이 때 흘러내리는 다리를 '와인의 눈물'이라고 한다. 눈물을 통해 와인의 알코올 함량, 잔여당분 함량, 그리고 글리세롤의 함량을 알 수 있다.

1) 색

와인의 색은 숙성될수록 산화되어 색이 변화하는데 이를 보고 와인의 나이를 측정할 수 있다. 레드 와인은 병입 후 3~4년은 자줏빛의 적색이 나타나고, 이후 노란빛이 더해지면서 적갈색으로 변하게 된다. 화이트 와인은 초기에는 초록빛, 이후 노란빛이 진한 황금색으로 변하여 황갈색이 된다. 와인의 색은 다양하게 나타나며 색에 따라 와인의 나이와 숙성정도를 파악할 수 있다.

(1) 레드 와인

숙성에 따른 레드 와인 색의 변화

자주색(Purple)– 루비색(Ruby)–붉은색(Red)–벽돌색(Brick red)–갈색(Brown) .

자주색 와인은 너무 어리고, 루비색과 붉은 색은 마시기 좋은 상태이며 벽돌색은 와인이 쇠퇴기에 접어든 것이다.

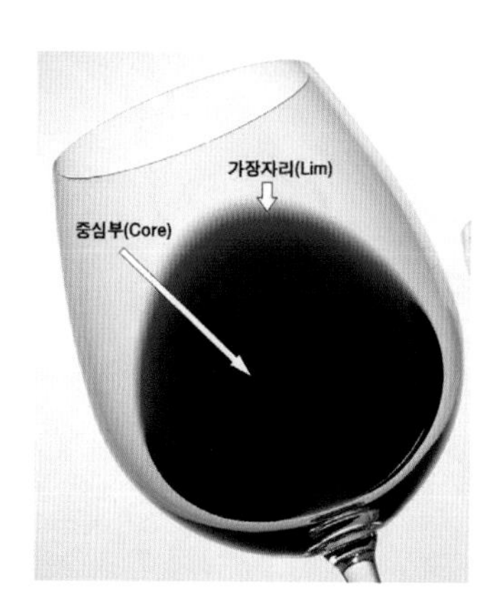

(2) 화이트 와인

숙성에 따른 화이트 와인 색의 변화

연초록빛의 노란색(Pale yellow-green)-연한 노란색(Pale yellow)-노란색(Yellow)-담황색/짚색(Straw)-황금색(Gold)-갈색(Brown)

초록빛을 띤 노란색 와인은 오크통 숙성을 거치지 않고 양조된지 얼마되지 않아 신선하고 상큼하며 주로 여름철에 마시는 것이 좋다. 만약 오크통에 저장하면 노란색을 잃고 짚색 그리고 황금색을 띠는데 이 때가 와인을 마시기 가장 좋은 상태이다.

(3) 로제 와인

로제 와인은 연한 분홍색-담홍색-연어색-체리색-짙은 분홍색으로 변한다. 로제 와인은 다른 와인과 달리 색에 따라 와인의 품질을 판단할 수 없다. 그 이유는 로제 와인의 색은 양조 과정의 혼합에 따라 다르기 때문이다.

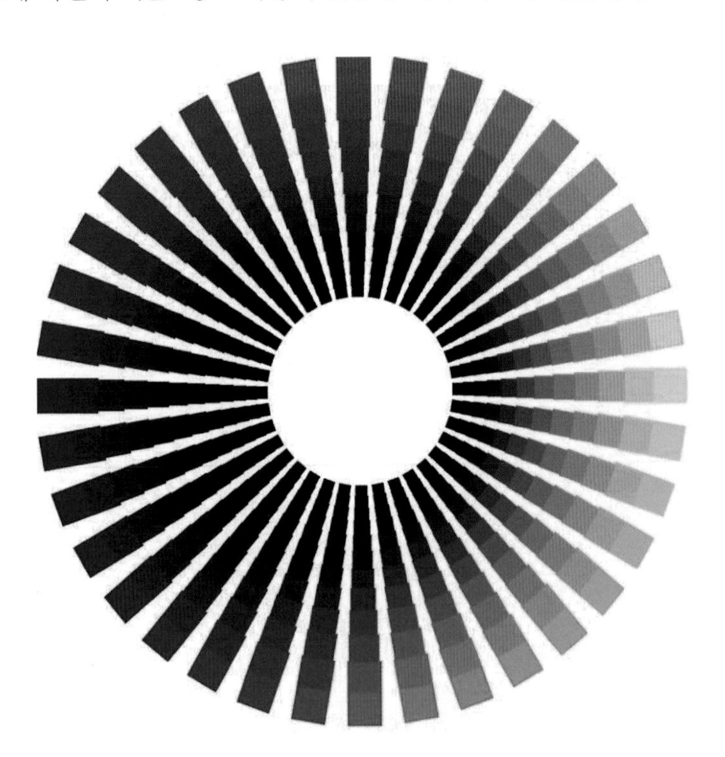

2) 농도와 점도

농도는 색의 진하고 옅음을 의미한다. 점도는 알코올 도수와 잔여 당분을 판단할 수 있다. 점도는 끈적이는 정도를 의미하며 와인 글라스 안쪽에 흘러내리는 와인의 눈물을 보고 판단한다. 와인의 눈물 속도가 느리고 균일할수록 알코올이 강한 와인이며 글리세롤의 함량이 많은 와인이다. 반대로 와인의 눈물이 빨리 흘러내리고 균일하지 않으면 알코올 함유량이 낮고 잔여당분이 적은 와인으로 평가한다.

와인의 농도와 점도 그리고 색

1. 농도와 점도가 낮고 색이 연한 와인
   1) 원인
      (1) 색소의 추출이 충분히 일어나지 않은 경우
      (2) 어린 수령의 나무
      (3) 충분히 익지 않은 포도
      (4) 비가 많이 온 해
   2) 오래 보관하지 못한다.
   3) 가볍게 마실 수 있는 와인이다.

2. 농도와 점도가 높고 색이 진한 와인
   1) 원인
      (1) 잘 익은 포도를 사용했다.
      (2) 양조 과정에서 타닌과 안토시안 성분을 잘 추출했다.
   2) 장기 숙성이 가능
   3) 풍부한 향과 훌륭한 맛(고급와인)

3. 색이 연하고 농도와 점도가 낮은 화이트 와인
   1) 원인
      (1) 덜 익은 포도 사용
      (2) 비가 많이 온 해

※ 레드 와인은 색과 농도 그리고 점도가 와인의 품질을 대변한다.
※ 화이트 와인은 품질을 대변하지는 않는다(상큼, 신선한 맛)

3) 투명도(맑기)

맑기는 혼탁한 정도를 의미한다. 이는 와인의 나이를 평가하는 것으로 영 와인은 투명하고 숙성이 충분히 된 와인은 불투명한 편이다. 와인은 병 숙성 과정에서 불투명해지고 가끔은 찌꺼기가 생기기도 한다. 찌꺼기가 있는 와인이면 상했다고 판단하는 것이 아니라 상한 와인을 판단하는 것은 와인의 색과 향 그리고 맛을 종합하여 판단하여야 하며 찌꺼기가 있는 와인은 디캔팅하여 음용할 수 있다.

4) 광택

광택은 와인의 산도와 관련된 것이다. 와인의 수면이 반짝이면 산도가 강한 와인이고 광택이 약하면 오래된 와인이다.

2. 후각적 감정

후각적 감정은 와인의 향을 근거로 포도품종, 와인의 산지, 숙성정도를 판단하는 방법이다. 와인은 수많은 향을 함유하고 있다. 그러나 와인의 향은 단순히 하나의 향이 나는 것이 아니라 복합적인 향이 나므로 초보자들이 향을 구별하여 내기란 쉬운 일이 아니다. 따라서 지속적인 훈련이 매우 중요하다.

후각적 감정 절차는 다음과 같다.

첫째, 와인 글라스를 흔들지 않고 향을 맡는다(아로마).

둘째, 와인 글라스를 흔들어 와인의 향을 풍부하게 한 다음 코를 잔 깊숙이 넣어 향을 맡는다(부케). 와인은 오픈하면서 공기와의 접촉을 통하여 깨어나게 되며 공기와의 접촉을 활성화시키기 위하여 글라스를 흔들며 이러한 과정을 통하여 시간이 경과하면서 다양한 향이 나타난다. 이렇게 와인향을 발산시키기 위해 잔을 둥글게 돌려주는 행동을 스월링(Swirling) 이라고 한다.

고무냄새가 나면 공기순환이 안되어 나는 향이며, 햇빛에 오래 노출되면 썩은 계란 냄새가 난다. 그리고 곰팡이 냄새와 코르크 냄새는 코르크의 문제로 발생한다. 전술한 향은 비정상적인 향으로 와인을 마시면 안 된다.

향을 구분할 때 아로마와 부케라는 표현을 한다. 사람들에 따라 그 의미를 혼용하여 사용하고 있으나 주로 아로마는 포도가 지니고 있는 향기이며 부케는 숙성 중에 생기는 향기이다.

1L의 와인은 아로마 성분 0.8~1.2g을 함유하고 있다. 아로마는 아랍어에서 유래한 것으로 양념이란 의미를 가지고 있으며 일반적으로 향기라는 뜻으로 사용된다.

1) 아로마(Aroma)

와인을 글라스에 따른 즉시 올라오는 향기이며 이것은 포도가 지닌 향이다. 포도품종과 밀접한 관계가 있다.

2) 부케(Bouquet)

와인이 공기와 접촉하면서 나는 향이다. 이 향은 발효와 숙성 중에 생기는 향으로 숙성정도와 숙성 방법 등과 밀접한 관계가 있다.

구분	아로마	부케
레드 와인	과일 향: 블랙베리, 블랙커런트, 블루베리, 체리 등 꽃향: 장미, 바이올렛 등	나무향: 오크, 연기, 커피 등 캐러멜 향 담배향: 시가 박스, 연기, 파이프담배 등 흙냄새
화이트 와인	과일 향: 사과, 바나나, 레몬, 라임, 복숭아 등 식물향: 아스파라거스, 피망 등 꽃향: 제라늄, 장미 등	견과류 향 나무향 꿀향

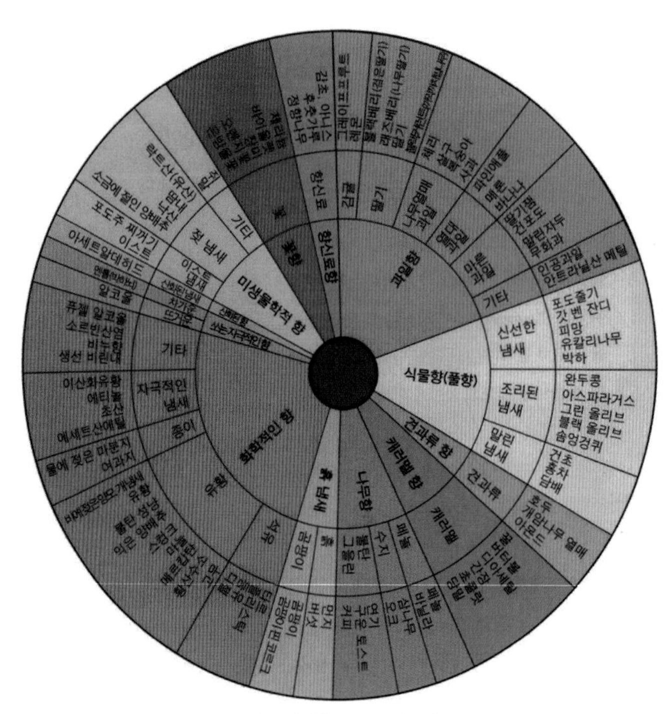

아로마 휠(Aroma wheel)

3. 미각적 감정

미각적 감정은 와인을 한 모금 입안에 머금고 입안에 모든 표면을 충분히 적시고 얼마나 단맛이 나는지 얼마나 신맛과 떫은 맛이 나는지 등을 알아보고 얼마나 조화를 이루는가를 테이스팅하는 것이다. 타닌과 산도 그리고 당도가 잘 균형을 이루었을 때 좋은 와인이라 할 수 있다. 미각 테스트의 마지막은 피니쉬(Finish)이다. 와인을 삼킨 후 남은 맛과 향을 의미한다. 좋은 와인일수록 마신 후 잔향과 잔맛이 오래 지속된다.

1) 와인의 맛

미각적 감정에서는 신맛, 짠맛, 단맛 그리고 쓴맛(떫은 맛)을 느낄 수 있다. 이 중 짠맛은 거의 나지 않음으로 실질적으로 와인의 맛을 결정하는 것은 신맛, 단맛 그리고 떫은 맛이다. 일반적으로 화이트 와인은 신맛이 주를 이루고 레드 와인은 떫은 맛이 주를 이룬다. 어느 한 가지 맛이 좋다고 하여 우수한 와인이 아니라 와인이 함유하고 있는 4가지의 맛이 잘 어울려야 좋은 와인이라 할 수 있다. 이를 밸런스라고 한다.

타닌은 떫은 맛을 내는 성분으로 수렴성(죄어오는 떫은 감각)이라 하며, 타닌이 풍부한 와인은 수렴성이 좋다 또는 높다라고 표현한다.

당도는 발효 후에 남아있는 당분의 정도로 단맛 나는 와인(Sweet Wine), 단맛이 없는 와인 (Dry Wine)으로 구분된다.

산도는 신맛으로 타르타르산(Tartaric Acid), 말산(Marlic Acid), 시트르산(Citric Acid) 등의 유기산과, 이 유기산을 2차 발효시켜 나오는 젖산(Lactic Acid) 등의 성분으로 구성된다. 신맛은 주로 화이트 와인에서 맛볼 수 있으며 신맛이 강하면 식전주로 사용 가능하다.

(1) 밸런스(Balance)

밸런스란 전술한 바와 같이 와인을 구성하고 있는 맛이 얼마나 균형 잡혀있는가를 나타내는 것이다. 음식을 예를 들면 너무 짜거나 달면 음식의 맛을 제대로 맛볼 수 없기 때문에 우리는 '간이 맞다'라는 표현을 쓴다. 와인도 마찬가지이다. 너무 달거나 너무 쓰면 좋은 품질의 와인이라 할 수 없다.

와인이 당도만 높고 산도가 낮으면 혀가 아리며 느끼하고 불쾌한 단맛이 난다. 따라서 당도가 높은 와인은 산도(신맛)이 받쳐줘야 새콤달콤한 기분 좋은 단맛이 된다. 타닌이 풍부한 풀 바디 와인은 산도, 당도 등의 밸런스가 맞지 않으면 쾌하게 쓰고 떫은 와인이 되지만, 타닌이 많더라도 다른 성분과 밸런스가 맞으면 입안이 꽉 차는 느낌을 주는 기분 좋은 강렬함을 준다.

타닌이 적은 라이트 바디 와인은 적당한 신맛이 없으면 그저 물과 같은 와인이 된다.

(2) 바디(Body)

바디(Body)는 와인의 무게감과 구조를 나타내는 표현이다. 즉 입안에서 느껴지는 꽉 찬 느낌의 정도라고 할 수 있다. 보통 우유(Full-Body), 주스(Medium-

Body), 물(Light-Body)을 입안에 머금었을 때 느껴지는 무게감의 정도로 비유된다.

구분	특징	마리아주 (marriage)	품종	
			화이트	레드
풀바디	농도, 밀도, 질감이 묵직한 무게감 알코올 도수가 높거나 타닌이 많을 경우 무게감이 느껴짐	진한 소스요리, 육류, 오래 숙성된 치즈	샤도네이 비오니에	카베르네쇼비뇽 시라즈 네비올로
미디엄 바디			쇼비뇽 블랑 피노그리지오 게브르츠트라미너	메를로 진판델 말벡 카베르네프랑
라이트 바디	가볍고 신선한 느낌 화이트 와인인 경우 fresh하다라고 표현함	담백한 요리	리슬링 슈냉 블랑 피노그리지오	피노누아 산지오베제

(3) 피니쉬(Finish)

피니쉬는 테이스팅 후 입속에 남아 있는 풍미이다. 일반적으로 4초 이하면 짧은 피니쉬, 5~7초 정도면 긴 피니쉬, 8초 이상이면 아주 좋은 피니쉬로 구분하지만 와인을 테이스팅할 때 정확하게 시간을 측정할 수 없으므로 대략적인 기준으로 보면 된다. 피니쉬는 바디와 밀접한 관계가 있다. 즉, 피니쉬가 길다는 것은 바로 그 와인이 가지고 있는 바디가 풍부하다는 것을 간접적으로 말해 주기 때문이다.

제2절 와인 테이스팅 절차 및 방법

와인 테이스팅 절차를 정리하면 다음과 같다.

구분	테이스팅 단계	비고
1	와인 글라스 준비	물기제거, 오염확인(향, 표면)
2	와인	1~2온스
3	글라스의 손잡이를 잡고 빛이 들어오는 쪽으로 기울여 비춰 본다.	색, 광택, 맑기(투명도)
4	흰색 냅킨 또는 종이 위에 잔을 비스듬히 눕혀 색을 본다.	색 , 농도
5	잔을 돌리거나 비스듬히 눕혔다가 세워 내벽에 흐르는 와인의 눈물 확인	점도
6	글라스 흔들지 않고 향을 맡는다.	아로마
7	와인 글라스를 흔들어 향을 맡는다.	부케
8	와인 한 모금을 머금고 입안 모든 부분에 와인이 닿도록 혀를 돌린다. 와인을 머금은 채로 입으로 숨을 들여 쉬어 본다.	밸런스, 바디, 당도, 산도, 타닌, 세부적인 풍미
9	와인을 삼킨다.	피니쉬
10	레이블을 확인한다.	생산국, 포도품종, 빈티지, 알코올 등등

제3절 와인 테이스팅 노트

와인은 포도의 종류, 와이너리, 날씨 등에 많은 영향을 받으므로 동일한 브랜드라 하더라도 빈티지에 따라 그 향과 맛 그리고 색이 다르다. 따라서 와인을 공부하기 위해서는 테이스팅 노트가 필수적이다. 테이스팅 노트는 와인을 시음해 보고 그 평가를 기입해 놓는 양식이다.

<table>
<tr><th colspan="3">와인 테이스팅 노트(Wine Tasting Note)</th></tr>
<tr><td colspan="2">와인의 명칭</td><td></td></tr>
<tr><td colspan="2">와이너리</td><td></td></tr>
<tr><td colspan="2">생산국과 지역</td><td></td></tr>
<tr><td colspan="2">포도품종</td><td></td></tr>
<tr><td colspan="2">빈티지</td><td></td></tr>
<tr><td colspan="2">알코올 함유량</td><td></td></tr>
<tr><td colspan="2">가격</td><td></td></tr>
<tr><td colspan="2">시음일자</td><td></td></tr>
<tr><td rowspan="4">색
(시각적 감정)</td><td>투명도</td><td></td></tr>
<tr><td>맑기</td><td></td></tr>
<tr><td>색</td><td></td></tr>
<tr><td>점도</td><td></td></tr>
<tr><td rowspan="2">향
(후각적 감정)</td><td>아로마</td><td></td></tr>
<tr><td>부케</td><td></td></tr>
<tr><td rowspan="6">맛
(미각적 감정)</td><td>당도</td><td></td></tr>
<tr><td>타닌</td><td></td></tr>
<tr><td>산도</td><td></td></tr>
<tr><td>바디</td><td></td></tr>
<tr><td>피니쉬</td><td></td></tr>
<tr><td>밸런스</td><td></td></tr>
<tr><td colspan="2">전반적 평가</td><td></td></tr>
<tr><td colspan="2">테이스팅 후기</td><td></td></tr>
</table>

제 4 장 와인 서비스

제1절 와인소믈리에란?

1. 와인소믈리에의 정의

소믈리에(Sommelier)는 고객에게 와인을 추천하고 서비스하는 직원으로 레스토랑, 와인바, 호텔 등에서 와인을 서비스하고 관리하는 와인 전문가를 지칭하는 단어이다.

레스토랑의 소믈리에는 레스토랑에 비치하는 와인 리스트를 관리 업그레이드하고 와인에 관한 교육을 직원에게 실시한다. 그리고 가장 중요한 와인 판매에 있어서 주도적 역할을 수행한다. 즉, 손님에게 적합한 와인추천과 와인을 마시는 손님이 최대한 편안한 마음을 갖도록 신경 써 주어야 하며 음식에 대한 지식도 겸비해야 한다.

2. 와인소믈리에의 역사

중세유럽에서 사용되던 소믈리에란 말은 17세기 레스토랑이 등장하면서 본격적으로 사용되었고 18세기 전문직업으로 인정받았다.

소믈리에란 영어사전에 와인담당 웨이터로 설명하고 있으며 불어사전에서는 식료품 담당자로 설명하고 있다.

소믈리에는 프로방스어 'Bete de Somme'에서 파생되었는데, 영어로 'Beast of Burden'으로 '짐을 나르는 동물'이라는 뜻이다. 과거 소믈리에는 소를 이용하여 식음료를 나르는 마부나 동물들에게 짐을 지우는 사람이었던 것이다. 와인 양조장에서는 오크통을 나르고 와인을 관리하는 사람을, 왕실에서는 짐을 운반하고 식음료를 관리하는 사람을 소믈리에로 지칭하였다.

이후 소믈리에는 프랑스 왕궁에서 와인과 음식을 준비해 식탁을 차리는 사람이 되었고, 18세기 말 왕정이 무너지고 공화정이 들어서게 되고 호텔레스토랑과 함께 소믈리에가 등장했다.

19세기에 이르러 소믈리에가 와인을 서비스하는 전문가로 인식되기 시작했다.

오늘날 소믈리에는 다양한 방면에 근무하고 있으며 대표적인 곳이 호텔과 와인 바 그리고 대형 레스토랑이다. 그러나 소믈리에는 와인과 관련된 업무만을 수행하는 것이 아니라 레스토랑 전반의 업무를 파악하여야 한다. 음식의 특성과 와인의 특성뿐만 아니라 고객만족을 창출할 수 있는 능력을 겸비하여야 한다. 그 이유는 소믈리에는 일선 직원이며 고객의 최측근에서 고객에게 서비스하기 때문이며 와인은 같이 먹는 음식에 따라 매우 다양한 품질과 맛을 내므로 음식의 특성과 와인의 특성을 잘 파악하여 매칭해야만 하기 때문이다.

제2절 와인소믈리에의 역할과 자질

소믈리에는 와인의 특성과 메뉴의 특성을 파악하기 위하여 이를 테이스팅할 기회가 많다. 따라서 업무와 관련하여 독특한 음식을 찾아 여행을 하기도 하고 희귀한 와인을 음미할 수 있는 기회가 많다. 이러한 점이 와인소믈리에의 가장 큰 장점이라 할 수 있을 것이다.

와인은 양조 과정, 기후 그리고 여러가지 요인이 영향을 미치므로 동일한 와인이라 할지라도 동일한 맛을 내기 힘들고 와인과 관련된 기술의 발달로 새로운 와인이 출시되고 있다. 따라서 소믈리에는 끊임없이 와인을 공부하고 맛봐야 하는 직업이다. 그리고 맛을 판단할 수 있는 뛰어난 미각의 소유자이어야 하며, 고객의 최측근 직원으로 서비스마인드가 충만하여야 한다.

1. 와인소믈리에의 자질

1) 와인관련 상식

자신이 근무하는 레스토랑의 와인에 관한 지식뿐만 아니라 와인에 관한 전반적 지식이 필요하다. 이러한 지식은 고객의 와인 선택에 도움이 된다. 또한 와인의 특성을 고객이 알아들을 수 있도록 설명할 수 있는 능력이 있어야 한다. 더 나아가 고객이 주문한 와인과 어울리는 와인 즉, 음식의 맛을 한층 높여줄 와인을 알고 있어야 하며 기타 음료에 대해서도 잘 알고 있어야 한다.

2) 서비스마인드

소믈리에는 웨이터와 함께 고객의 측근에서 고객의 식사를 보필하는 직원이다. 따라서 그들의 말 한마디 행동 하나가 고객의 기분을 좌우하게 되고, 결국 고객이 만족하느냐 불만족하느냐는 이들의 손이 달려 있다. 따라서 고객을 편안하게 만드는 서비스를 제공할 수 있어야 한다. 즉, 고객의 입장에서 항상 생각하고 고객의 맘을 읽을 수 있는 능력을 겸비해야 한다.

3) 음식관련 상식

와인은 와인만을 즐기는 경우보다 음식에 맞는 와인을 선별하여 음식과 같이 즐기는 경우가 더 많다. 음식과 와인을 잘 접목시키면 서로의 맛을 보충하여 시너지 효과를 볼 수 있다. 그러나 반대로 잘못된 매칭을 하면 음식과 와인 모두 맛과 향이 감소하게 된다. 따라서 소믈리에는 음식에 잘 어울리는 와인을 알고 있어야 하며 고객에게 이를 추천해야 한다. 그 이유로 음식과 관련한 전문가가 되어야 한다. 음식의 다양한 레시피와 조리 방법을 이해해야 요리의 주된 맛을 알고 그 맛에 어울리는 와인을 선별할 수 있기 때문이다.

4) 마케팅 능력

소믈리에는 와인을 판매하여 레스토랑의 매출에 기여할 수 있어야 한다. 매출에 기여하기 위하여 마케팅 능력이 필수적이다. 와인의 선별과 홍보 그리고 판매 촉진 등의 능력을 갖추고 있어야 한다. 또한 고객의 욕구를 파악하고 고객의 욕구를 충족시켜 줄 와인을 구매하는 등의 노력이 필요하다.

5) 와인과 건강 상식

와인은 술이다. 술은 순기능보다 역기능이 강력하게 인식되고 있다. 때문에 일부 종교에서는 음주가 허락되지 않는다. 이러한 역기능을 인식하고 있는 일반 대중을 대상으로 순기능을 홍보하고 알릴 수 있는 능력이 요구된다. 적당한 와인의 음용은 건강에 도움이 되는 것을 상세히 알고 그 역학적 기능을 설명하여 고객과 일반 대중을 이해시키고 순기능을 확대시켜 나가야 한다. 때문에 영양학적 지식뿐만 아니라 의학적 지식도 필요하다.

6) 와인 양조과정

와인은 과학이다. 그 과정에서 조그마한 원인도 와인의 품질에 지대한 영향을 미치기 때문이다. 따라서 와인의 양조 과정을 모르고 와인을 설명하기란 곤란하다. 어떠한 과정에서의 원인이 어떠한 특성을 갖게 하는지를 잘 알아야 한다. 따라서 와인소믈리에는 와인의 양조 과정에 대하여 잘 알아야 한다.

7) 와인과 포도품종 특성 간의 관계

맛있는 음식의 가장 기본이 되는 것은 좋은 식재료이다. 신선하고 품질이 우수한 식재료는 좋은 음식을 완성시킨다. 와인도 마찬가지로 재료가 좋아야 좋은 와인의 양조가 가능하다. 당도가 높아야 알코올 도수가 높고 스위트한 와인이 생성

되며, 껍질이 두꺼워야 타닌이 풍부한 와인이 생성되는 것과 마찬가지로 포도품종을 이해하지 못하면 와인의 특성을 제대로 이해할 수 없다. 따라서 와인소믈리에는 와인을 양조하는 포도품종의 특성을 잘 알고 있어야 한다.

8) 와인 생산지 상식

와인은 포도의 품질에 따라 그 품질이 결정된다고 전술한 바 있다. 포도의 품질을 결정하는 요소는 생산지의 떼루아일 것이다. 예를 들면 독일의 유명 와인이 화이트 와인인 것은 그 나라의 지리학적 특성과 기후 등의 떼루아를 모르고 설명할 수 없을 것이다. 또한 와인소믈리에는 와인 생산지의 역사 및 문화 등의 다양한 상식을 겸비해야 한다.

2. 와인소믈리에의 역할

1) 경영자 및 마케터

소믈리에는 부분적으로 경영자 또는 마케터로서의 역할을 수행해야 한다. 와인을 선별할 때 레스토랑의 표적 시장과 그들의 욕구를 고려해야 하며 와인의 판매 가격을 결정할 때 이익과 고객만족을 동시에 창출할 수 있는 방안을 강구해야 한다.

2) 와인 전문가

소믈리에는 레스토랑에서의 와인과 관련된 모든 사항에 전문가로서 역할을 수행하며 또한 일반 직원들의 자문역할을 수행해야 한다. 더 나아가 와인 서비스와 관련된 교육자로서 직원을 교육시켜야 한다. 와인 전문가로서 소믈리에의 역할은 와인선별, 와인구매, 저장, 테이스팅, 와인 리스트 작성 관리, 와인 서비스 등에 탁월한 역량을 발휘해야 한다.

3) 판매자

소믈리에는 판매자로서의 역할을 수행해야 한다. 소믈리에의 말 한마디에 고객은 와인을 먹기도 또는 추가하기도 한다. 이러한 와인은 원가율이 맞아 레스토랑의 이윤에 기여할 수 있으므로 판매에 최선을 다해야 한다. 일반적으로 어떠한 시점에 어떻게 판매를 하느냐가 매우 중요하므로 판매 시점을 잘 관리하여야 한다. 식사시작 전, 식사 중 고객의 상태를 잘 파악하여 적절한 때 와인의 추천은 매출과 이어질 수 있다.

4) 관리자

소믈리에는 와인에 관련된 관리자로서의 역할을 수행해야 한다. 와인과 관련된 자재와 와인 관련 관리는 물론 판매에 관한 성공과 실패 그리고 미래 구매할 와인에 대한 트렌드 분석 등 와인과 관련된 전반적인 사항을 결정하고 이끌어 나가는 관리자로서의 역할을 수행한다.

5) 서비스전문가

소믈리에는 고객의 최측근에서 일하는 직원으로 고객에게 직접 서비스를 제공한다. 따라서 대 고객 서비스의 전문가로서 고객 만족을 위하여 또는 즐거운 식사를 위하여 고객의 맘도 읽으며 그들과 유대관계를 강화하고 그들의 손발이 되는 서비스 전문가로서의 역할을 수행한다.

제3절 와인 서비스

1. 와인 서비스 절차

1) 주문 받기

메뉴 주문 전 식전주 주문을 받는다. 이후 웨이터는 식사 주문을 받는다. 식사

주문이 끝난 후 소믈리에는 식사와 훌륭하게 매칭될 수 있는 와인을 선별한 후 와인 리스트를 들고 고객의 테이블로 간다. 고객의 테이블의 호스트에게 왼쪽에서 와인 리스트를 제공한 후 뒤로 물러나 1~2분 정도 기다리다 재차 고객에게 다가가 와인 주문에 대해 묻고 특별히 좋아하시는 것이 없으시면 추천해도 되겠냐고 물어본다. 이후 음식과 어울리는 와인을 고객에게 상세히 설명한다.

2) 주문 확인

고객이 와인을 결정하였다면 어떤 와인을 결정하셨는지 반복하여 확인한 후 정중히 인사하고 뒤로 물러난다.

3) 와인 및 필요한 기물(글라스, 디캔터, 초, 성냥, 칵테일 냅킨 등) 준비

고객이 와인을 주문하면 와인을 서비스하기 위하여 필요한 기물을 준비한다. 만약 경험으로 봐 디캔팅이 필요한 경우 서비스 테이블(게리동)을 준비하여 그 위에 기물을 준비한다. 그렇지 않은 경우 고객의 테이블에서 와인을 오픈하여도 된다. 그러나 고객이 보이지 않는 곳에서 와인을 오픈하여 제공하는 일은 지양하여야 한다. 서비스 테이블을 이용할 경우 서비스 테이블에 와인 글라스, 디캔터, 초, 성냥, 와인 스크류, B/B 플레이트, 칵테일 냅킨, 재떨이 등을 준비한다. 화이트 와인인 경우 와인 쿨러, 레드 와인인 경우 와인 바스켓을 준비해야 한다.

4) 와인 글라스 셋팅

준비과정중 와인 글라스 하나 하나를 불빛에 비쳐 깨끗한지를 꼼꼼히 확인해야 한다. 이렇게 준비된 와인 글라스를 고객의 오른쪽에 셋팅한다.

5) 주문 받은 와인의 레이블 확인 및 와인 설명

와인을 준비할 때 보통 와인셀러에서 꺼낸다. 이때 디캔팅이 필요한 와인은 눕혀진 상태에서 최대한 움직임이 없도록 조심스럽게 운반한다. 와인이 흔들리면 있을지도 모를 침전물이 흔들려 디캔킹 작업에 많은 시간이 소요되기 때문이다. 와인셀러에서 조심스럽게 운반해 온 와인을 레이블이 잘 보이도록 호스트의 옆으로 다가가 확인시키고 와인에 대한 설명을 한다.

6) 와인 오픈

와인 확인이 끝난 후 호스트가 좋다라는 표현을 하면 서비스 테이블로 가지고 가 와인 바스켓에 넣는다. 이 때 와인 바스켓 안에서 와인이 흔들리지 않도록 냅킨을 이용하여 와인을 받쳐 바스켓에 넣는다.

바스켓에 넣은 후 오픈은 다음과 같은 순서로 한다.

(1) 캡술제거

캡슐은 와인병 주둥이에 와인을 보호하기 위하여 덮어놓은 알루미늄 또는 플라스틱으로 만든 것이다. 대부분의 경우 알루미늄으로 만들어지기 때문에 서빙할 때 와인과 접촉이 없도록 아랫부분을 컷팅해야 한다. 캡슐을 제거하기 위하여 캡슐 커터를 사용하지만 대부분의 경우 캡슐 커터보다 소믈리에 스크루에 부착되어 있는 작은 나이프를 사용한다. 소믈리에 스크류는 보통 소믈리에 자켓 주머니에 보관하고 있다. 캡슐을 제거한 후 나이프를 제자리로 넣고 테이블 위에 올려 놓는다. 이때 제거한 캡슐은 소믈리에 자켓주머니 혹은 앞치마 주머니에 넣는다.

와인캡슐의 역할

와인병 장식
오픈되지 않음의 증거
가스유출과 외부공기의 유입을 지연
해충으로부터 보호

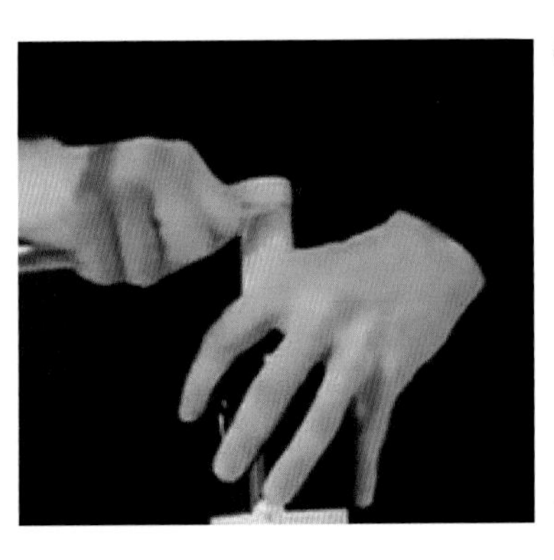

❶ 캡슐 커팅나이프를 펴 병 주둥이를 싸고 있는 호일에 절단선을 만든다. 캡슐 커팅나이프에는 호일을 용이하게 절단하게 하기 위하여 톱날이 있다. 가능하면 병 주둥이에 링처럼 튀어나온 아랫부분을 절단한다(와인을 따를 때 호일과 와인이 접촉하지 않도록).

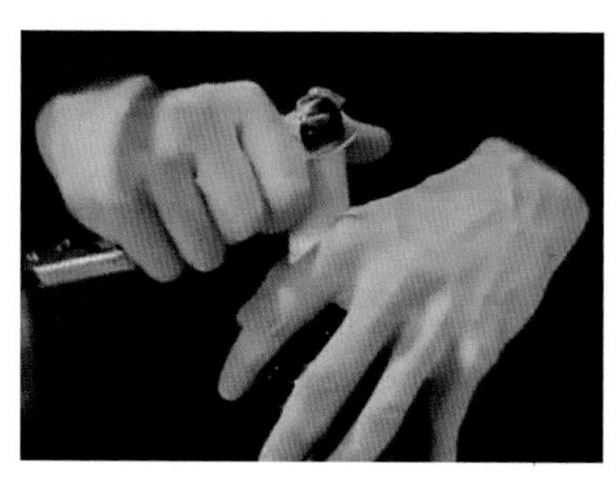

❷ 갭슐 커팅나이프를 이용하여 절단된 선으로부터 위로 호일을 벗겨 낸다.
❸ 이때 한꺼번에 벗겨지지 않으면 두세 번에 걸쳐 볏겨도 좋다.

(2) 병 주둥이 이물질 제거

캡슐을 제거하면 캡슐과 병 사이에 이물질이 있을 수 있다. 준비해 놓은 칵테일 냅킨으로 깨끗이 정리한다.

(3) 코르크 오픈

소믈리에 스크류의 스크류를 펴 손잡이와 T모양이 되도록 한다. 스크류 끝부분을 코르크에 힘껏 꽂아 회전시켜 삽입한다. 마지막 한 바퀴의 스크루를 남기고 삽입한다. 마지막까지 넣으면 스크류가 관통되어 찌꺼기가 와인에 들어갈 수 있으므로 주의해야 한다. 소믈리에 스크류는 한 번에 와인을 오픈할 수 없어 1단계 레버와 2단계 레버로 구성되어 있다. 나이프와 가까운 것이 1단계 레버이며 먼 것이 2단계 레버이다. 1단계 레버를 병 주둥이에 걸고 코르크가 1/3정도 나오면 2단계 레버를 걸 수 있다. 2단계 레버를 걸어 오픈하면 된다. 코르크가 거의 올라왔을 때 손 혹은 냅킨으로 코르크를 천천히 돌려주면서 소리가 나지않게 오픈해준다.

▶ 코르크 오픈 과정

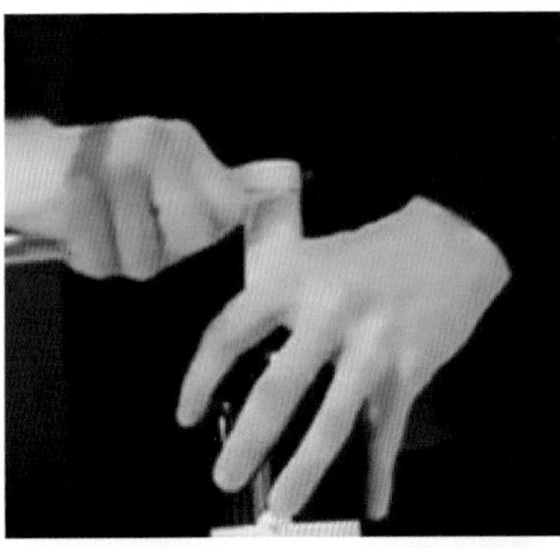

❶ 호일 커팅나이프를 접고 레버를 완전히 편 후 스크류가 중간에서 손잡이와 직각이 되도록 펴 T 모양이 되도록 한다.
❷ 스크류 끝부분을 검지손가락으로 지지하고 코르크 중앙부분에 오른쪽으로 돌리면서 꽂아 삽입한다.
❸ 이때는 왼손으로 스크류를 지지해 줘야 한다.

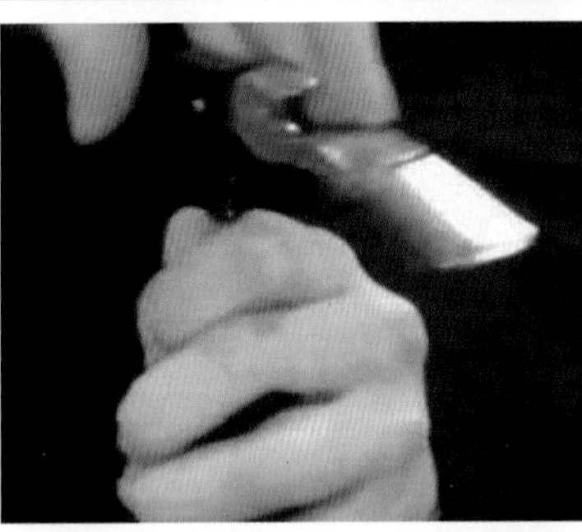

❹ 스크류가 한 바퀴 정도 삽입할 때까지 왼손으로 병 주둥이와 스크류를 같이 잡는다.

❺ 스크류가 한 바퀴 정도 삽입되어 스스로 설 수 있으면 왼손으로 병을 잡고 오른손 손가락으로 손잡이를 돌려 스크류를 삽입한다.
❻ 와인 바스켓을 이용할 경우 와인 바스켓과 와인병을 같이 잡는다.

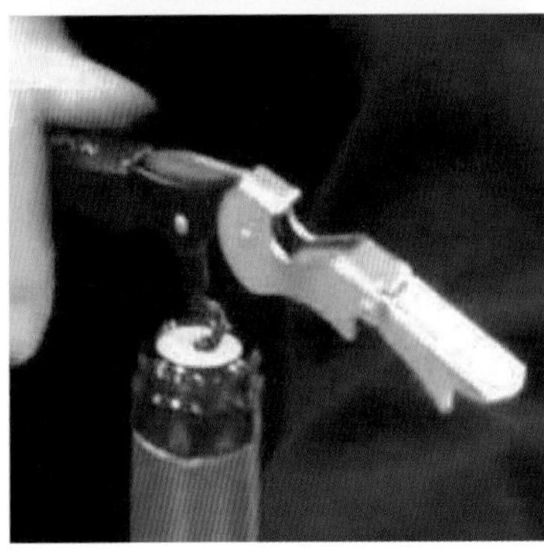

❼ 스크류는 완전히 코르크에 삽입하지 말고 한 바퀴 또는 한 바퀴 반 정도를 남기고 손잡이가 소믈리에 오른쪽으로 가도록 멈춘다. (5시 방향)
❽ 이때 스크류가 와인 코르크를 관통하면 좋지 않다.

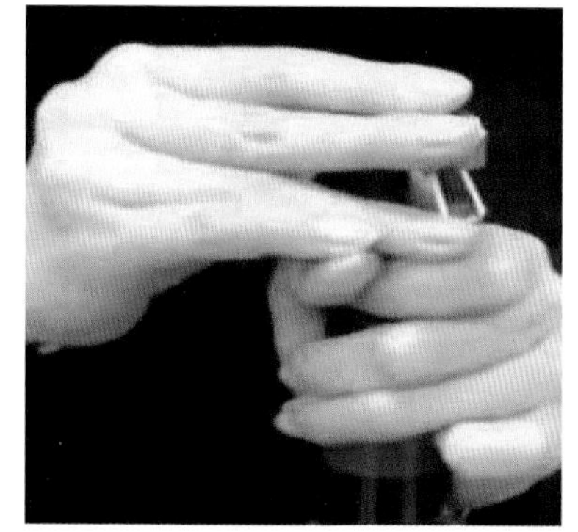

❾ 손잡이 반대편의 레버를 내려 병 주둥이에 건다.

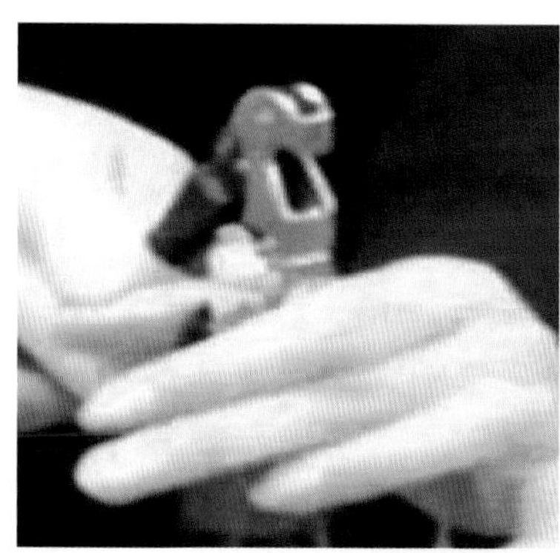

❿ 레버는 1단계와 2단계가 있는데, 1단계 레버를 병 주둥이에 걸고 왼손으로 힘을 주어 쥐고 코르크 반 정도를 오픈한다(뽑아 올린다).

⓫ 2단계 레버를 병 주둥이에 걸고 왼손으로 힘을 주어 쥐고 코르크를 뽑아 올린다.

⓬ 2단계 레버로 와인을 오픈할 때 코르크를 완전히 오픈하지 않고 조금(약 5mm 정도) 남겨둔다.

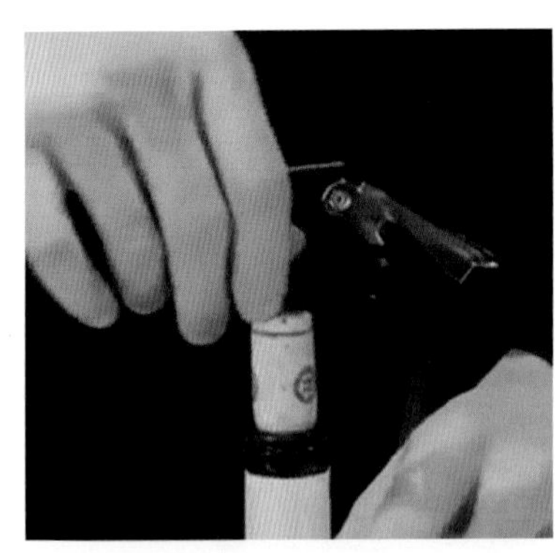

⑬ 레버를 다시 펴 T모양이 되도록 한다. 손으로 코르크를 잡고 좌우로 살며시 움직여 와인을 오픈한다. 이때 최대한 소리가 나지 않게 주의한다. 스파클링 와인의 경우는 탄산가스로 인해 '뻥' 소리를 내며 코르크가 튀어오르는 경우가 있으므로 더욱 주의를 요한다. 스틸와인에도 소량의 가스가 있으므로 코르크 한쪽 가장자리를 먼저 들어 가스를 배출시킨 후 오픈하면 좋다.

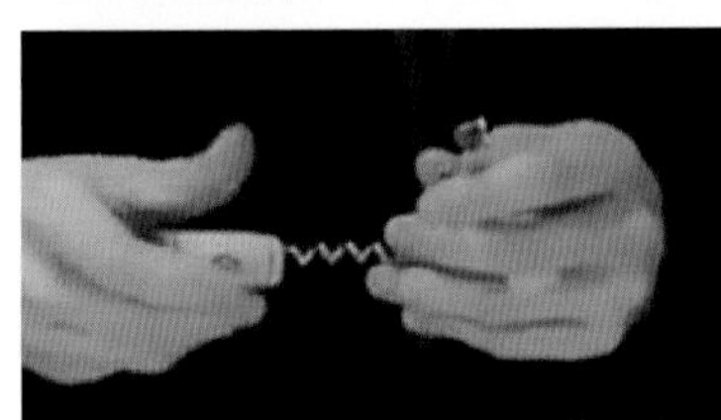

⑭ 스크류에 꽂혀 있는 코르크를 분리하는데 이때 주의할 점은 코르크가 아닌 스크류를 돌려 분리한다는 점이다. 이것은 손에 있는 체취가 최대한 코르크에 묻어나오지 않도록 하기 위함이다.

7) 코르크 확인

오픈한 즉시 스크류에서 코르크를 분리하여 향과 코르크 상태를 확인한다. 최근에는 코르크 확인을 스크류에서 코르크를 분리시키지 않은 상태에서 바로 하는 추세이다. 이는 코르크 오염을 최소화하기 위함이다. 코르크 확인시 주의할 점은 코르크 상태로 와인의 상태를 100% 판단해서는 안된다는 것이다. 와인은 직접 테이스팅해보지 않는 이상 그 상태를 정확히 알 수 없다. 향을 확인한 코르크는 접시 위에 놓는다. 가능하면 이쁜 장식과 또는 이쁜 냅킨과 함께 둔다.

8) 코르크 서빙

코르크가 담긴 접시를 호스트에게 서빙하고 코르크 상태에 대해 설명한다.

9) 병 주둥이 이물질 제거

병 주둥이의 이물질을 제거한다. 오픈할 때 소믈리에의 손이 주둥이에 닿아 오염된 부분과 병과 스크류 사이에 혹시 있을 이물질을 제거하는 단계로 병 주둥이 조금 안쪽까지 살짝 닦아 준다.

10) 와인의 상태 확인

고객에게 와인의 상태를 확인하기 위해 와인을 조금 맛보는 것에 대해 양해를 구한 후 테이스팅을 통해 와인 상태를 확인한다. 와인 1온스 정도를 글라스에 따르고 색, 향, 맛 등을 확인한다. 글라스에 와인을 따를 때 바스켓을 들지 말고 테이블 위에 놓인 상태로 기울여 따른다. 테이스팅은 일반적인 테이스팅 절차와 같다. 즉, 시각, 후각, 미각의 순으로 테이스팅한다.

11) 와인 상태에 관한 설명

와인 상태 확인이 끝나면 와인 상태에 대한 설명을 드린다. 만약 디캔팅이 필요하다고 판단되었다면 고객에게 디캔팅이 필요한 이유에 대해 설명하고 동의를 구한다.

12) 디캔팅

디캔팅의 순서는 다음과 같다.

첫째, 와인 바스켓의 와인을 최대한 움직이지 않게 하면서 와인을(약 3온스) 디캔터에 붓고 와인의 향이 디캔터에 배이도록 충분히 돌려준다. 이 과정을 '향배기' 라고 한다.

둘째, 디캔터에 있는 약 3온스의 향배기용 와인을 소믈리에 테이스팅 글라스에 따른다.

셋째, 와인 속의 이물질을 확인하기 위하여 촛불을 켠다.

넷째, 와인을 디캔터에 천천히 따른다(약 2온스는 병에 남긴다). 이 때 와인 병의 목과 촛불 그리고 눈을 일직선상에 놓아 와인의 찌꺼기가 디캔터 안으로 따라 들어가는 것을 방지한다. 찌꺼기가 있는 마지막 2온스 정도는 와인병에 남긴다.

다섯째, 디캔팅이 끝난 후 촛불을 꺼주는데 절대 입으로 '후' 불어서 꺼서는 안 된다. 입으로 불어서 끄면 매캐한 연기가 일어 와인 향을 맡는데 방해가 된다. 디캔팅을 위해 촛불을 켜고 난 후 성냥의 남은 불씨 역시 불어서 끄면 안 된다. 이때는 고객으로 부터 몸을 살짝 돌려 성냥을 흔들어 불을 꺼준다. 촛불의 경우, 성냥으로 초 심지를 옆으로 눕혀 촛농에 심지를 담구어 끈다.

13) 호스트 테이스팅

호스트에게 테이스팅 여부를 물은후 호스트가 좋다는 표현을 하면 와인을 호스트의 글라스에 1~2온스 정도 따라 테이스팅 결과를 기다린다.

14) 서빙

호스트가 좋다라는 표현을 하면 호스트를 기점으로 시계 방향으로 돌면서 여성에게 먼저 와인을 서빙하고 같은 방향으로 계속 돌면서 남성에게 서빙한다. 호스트는 제일 마지막에 첨잔을 해준다. 이 때 와인 한 병은 약 6잔을 따를 수 있다는 점을 고려해야 한다. 와인의 양은 글라스의 3분의 1 또는 4분의 1 정도 따르는 것이 이상적이다. 서빙 후 남은 와인은 디캔터와 함께 서비스 테이블 또는 고객의 테이블에 놓아도 된다. 호스트의 별다른 요구가 없을 시 고객의 와인잔이 비지 않도록 수시로 서빙한다. 우리나라의 경우 첨잔을 하지 않는 관습이 있으나 와인은 비워지기 전 첨잔을 해야 한다.

15) 빈병 또는 남은 병

디캔팅을 마친 와인병은 와인 바스켓에 담긴 채로 레이블이 잘 보이도록 고객의 테이블에 셋팅한다.

16) 테이블 정리

서비스 테이블을 정리한다.

2. 와인 서비스 기물

1) 와인 스크류

와인 스크류는 와인 오프너 또는 소믈리에 나이프라고 하기도 한다. 와인 스크류라고 부르는 것은 코르크에 박아 넣는 금속이 스크류 모양을 하고 있기 때문이다. 와인 스크류는 와인을 오픈하기 위한 필수적인 장비이다. 여러 가지 형태로 판매되고 있지만 소믈리에가 사용하는 와인 스크류는 아래 왼쪽 사진의 스크류이다. 버터플라이는 초심자들이나 여성들이 와인을 오픈하기 편리하게 만들어진 제품으로 누구나 손쉽게 와인을 오픈할 수 있다. 가정용 와인 스크류는 가장 간단한 모양을 하고 있으며 오픈할 때 힘이 가장 많이 든다.

소믈리에 와인 스크류

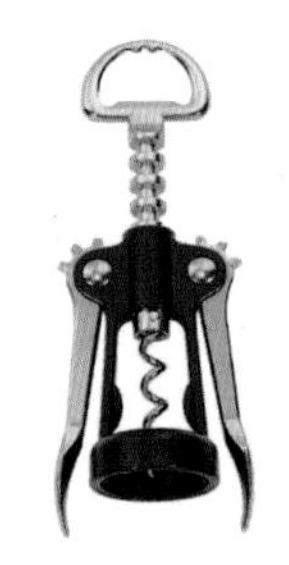
버터플라이 와인 스크류

가정용 와인 스크류

2) 글라스

글라스는 고객의 수에 맞게 준비하고 소믈리에가 시음할 글라스도 준비한다. 글라스를 준비할 때는 눈과 코로 오염 상태를 확인한 후 깨끗한 글라스를 준비한다. 글라스의 종류는 다양하게 있어 어떤 모양의 글라스로 어떤 와인을 마시는 것이 좋은가? 하는 것은 소믈리에마다 의견이 다르다.

그러나 와인 글라스에 따라 와인의 향과 맛이 다르게 느껴지므로 와인을 시음할 때 와인 글라스는 매우 중요하다.

와인 입구가 넓은 잔으로 와인을 시음할 때 머리는 숙여지고 와인 입구가 좁은 잔으로 와인을 시음할 때는 머리를 뒤로 젖힌다. 전자는 와인이 혀에 닫는 부위가 넓고 후자는 좁다. 전자는 혀의 옆으로 와인이 퍼져 산미를 느끼도록 만들고 후자는 혀 끝에 먼저 닫아 단맛을 먼저 느낀다.

와인 글라스의 모양에 따라 향이 다르게 느껴진다.

와인 글라스는 와인의 향을 보존하기 위하여 안쪽으로 둥글게 휘어 있다. 그리고 향이 약한 와인은 큰 잔보다는 작은 잔으로 시음하며 주둥이 부분이 좁다. 그 이유는 약한 향을 모으기 위해서다.

글라스를 살펴보면 보르도 스타일 글라스, 부르고뉴 스타일 글라스, 화이트 와인 글라스 그리고 샴페인 글라스가 있다.

(1) 보르도 글라스

보르도스타일의 글라스는 일반적으로 많이 사용하는 와인 글라스로 부르고뉴 스타일 글라스에 비해 볼의 넓이가 좁은 편이다. 보르도 스타일의 글라스는 튤립 모양으로 아로마를 잘 가두는 역할을 하며, 보르도 와인의 특징인 복합적인 향을 잘 살릴 수 있도록 고안되었다. 와인 글라스 볼의 경사각을 완만하게 하여 타닌의 텁텁함을 줄이고 과일 향과 맛을 극대화하도록 고안되었다.

(2) 부르고뉴 글라스

부르고뉴 스타일 글라스는 보르도 스타일 글라스보다 볼이 넓다. 일반적으로 레드 와인을 마실 때 사용하는 글라스이다.

이 글라스는 볼이 넓어 공기와 접촉하는 와인의 면적이 넓어 와인의 향을 더욱 풍부하게 해준다. 타닌이 적고 신맛이 강한 와인을 즐기기 위한 잔으로 부르고뉴의 주요 품종인 피노 누아가 그러한 특성을 가지고 있어 부르고뉴 피노누아 와인을 즐기기에 좋다.

(3) 샴페인 글라스

샴페인 글라스는 볼이 좁고 길다. 볼이 좁고 긴 이유는 마시는 동안 탄산가스를 최대한 오랜 시간 유지하기 위해서다. 공기와 접촉하는 부분이 넓으면 비교적 빠른 시간에 탄산가스가 공기 중으로 날아가 버리기 때문이다.

샴페인은 글라스 안에서 발생하는 아름다운 기포와 병발효(2차 발효)에서 함유된 향이 특징이다. 기포를 아름답게 감상하고 향을 잘 유지하기 위해 입구가 좁고 잔의 높이가 높게 디자인되었다.

(4) 화이트 와인 글라스

화이트 와인은 글라스 볼의 크기가 작다. 그 이유는 차게 마시는 와인이므로 와인을 음용온도에 맞추어 즐기기 위해서다. 레드 와인과 비교하면 화이트 와인 글라스의 크기는 레드 와인보다 작다. 볼의 경사도 또한 레드 와인 글라스보다 완만하고 와인이 처음 혀의 앞부분에 닿도록 디자인했다.

3) 디캔터

디캔팅을 하는 기물이다. 디캔팅을 하는 이유는 크게 두 가지이다.

첫째는 와인이 병입 후 숙성 과정에서 발생할 수 있는 이물질을 제거하기 위한 방법이다.

둘째는 공기와 접촉함으로써 와인의 맛을 좀 더 부드럽게 하여 품질을 향상시키기 위해서다. 실질적으로 디캔팅을 한 후 와인은 디캔팅 전보다 더 부드러워지고 감미로워진다. 따라서 디캔팅을 하는 디캔터는 와인과 공기의 접촉을 활성화시킬 수 있어야 한다. 따라서 디캔터의 내부는 공기와의 충분한 접촉을 위해 넓게 디자인된 것이다.

4) 캡슐 커터

캡슐은 와인을 보호하기 위하여 병 주둥이를 감싸고 있는 것이다. 일반적으로 알루미늄 또는 플라스틱으로 되어 있다. 도구 없이 캡슐을 제거하는 것이 어려워

이를 둥글게 절단하여 손쉽게 캡슐을 제거하는 기물이 캡슐 커터이다. 그러나 보통의 경우 호일커터를 사용하지 않고 소믈리에 스크류에 부착되어 있는 캡슐 커팅나이프를 사용하여 캡슐을 제거한다. 근래에 와서는 와인의 캡슐을 용이하게 제거하기 위하여 제거용 띠를 삽입한 경우도 있다.

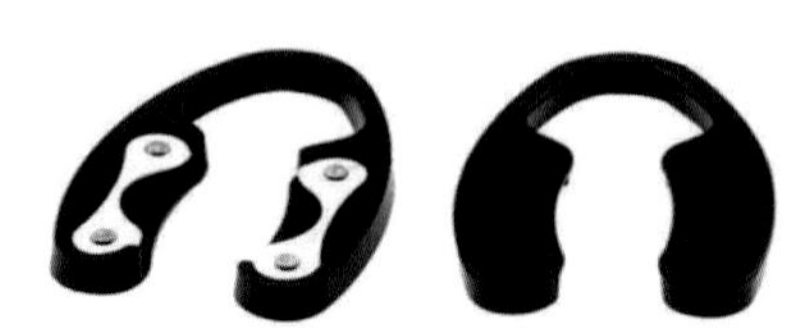

5) 와인 바스켓

레드 와인을 서비스할 때 사용하는 기물이다. 첫 번째 기능은 와인을 눕혀 혹시 있을 찌꺼기를 아랫 부분에 모아주는 역할이다. 두 번째 기능은 아름답게 장식하는 기능이다. 일반적으로 와인 바스켓을 사용하지 않고 레드 와인을 서비스하기도 하지만 디캔팅을 할 경우 반드시 필요하다. 그 이유는 와인 셀러에 눕혀 있던 와인은 디캔팅 과정에서 최대한 움직임을 적게 하여야 하기 때문이다. 눕혀 있는 와인을 세우면 찌꺼기가 와인을 혼탁하게 하여 고객에세 서비스하는 와인에 찌꺼기가 있을 수 있기 때문이다. 따라서 와인을 오픈할 때도 와인 바스켓에 있는 상태에서 오픈해야 한다. 그리고 와인 바스켓이 와인을 적당히 잡아주지 못하고 흔들림이 있을 것으로 판단될 때 이를 방지하기 위하여 린넨 또는 천냅킨을 이용하여 와인과 바스켓 사이에 넣어 안정적인 서비스를 할 수 있도록 준비한다. 이 때 린넨이 와인의 레이블을 가리면 곤란하다.

6) 와인 쿨러

와인 쿨러는 화이트 와인을 서비스할 때 사용하는 기물이다. 화이트 와인을 차게하여 마셔야 하므로 공기 중에서 시간이 지나면 실온과 비슷해져 화이트 와인의 상큼함을 제대로 느낄 수 없기 때문에 적당한 음용온도를 유지하기 위하여 이용된다. 사용 방법은 와인 쿨러에 각 얼음과 물을 적당히 혼합하여 여기에 화이트 와인병을 담아 화이트 와인의 음용 온도를 유지하는 것이다. 병에 물기가 있으므로 이를 제거하기 위한 린넨을 쿨러 위에 준비해야 한다. 일반적으로 테이블의 공간과 배치를 고려하여 테이블 위에 배치할 때는 와인 쿨러 자체를 고객용 테이블 위에 놓고 테이블 이외의 공간에 셋팅할 때는 테이블의 높이와 와인 쿨러의 높이를 맞추기 위하여 스탠드를 이용한다.

7) 린넨(암타올/천냅킨)

와인을 서비스하는 과정에서 와인방울이 고객 또는 테이블에 떨어지는 것을 방지하기 위하여 마지막에 와인 주둥이를 훔친다. 이때 주로 사용되며 암타올 또는 천냅킨이라고도 한다.

8) 칵테일 냅킨(종이 냅킨)

와인을 오픈할 때 캡슐을 제거한 후, 그리고 코르크를 오픈한 후 주둥이의 이물질을 제거하기 위하여 닦아주는데 이때 사용하는 것이 칵테일 냅킨이다.

9) 작은 접시

코르크를 오픈한 후 소믈리에는 코르크의 향을 확인하고 고객에게 제공하는데 이때 사용하는 접시이다. 일반적으로 식당에서 많이 사용하는 비비플레이트(빵접시)에 올려 제공하지만 코르크가 굴러 다니는 것을 방지하기 위하여 턱이 높은 종지를 사용하기도 하고 별도의 장식을 하여 제공하기도 한다.

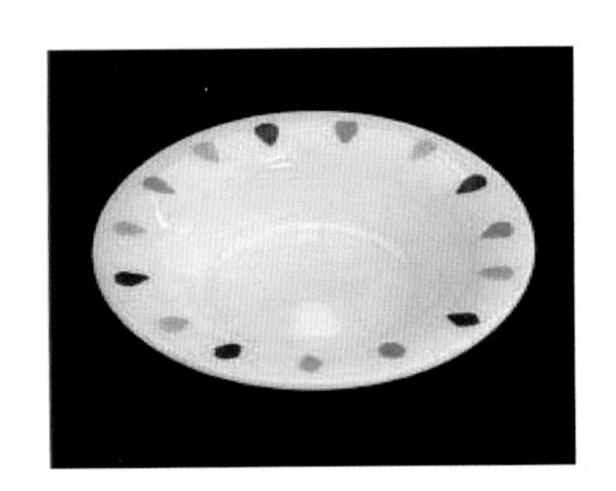

10) 초와 촛대

디캔팅에 사용된다.

11) 성냥

성냥은 불을 켤 때와 끌 때 모두 사용한다. 불을 켤 때 고객의 앞에서 성냥을 켜지 말고 뒤로 돌아 불을 켠 후 황 냄새를 제거하기 위하여 위에서 아래로 'S'자를 그린다. 이후 초에 가져와 불을 켠다. 이 때 성냥 한 개피의 머리를 성냥각 밖으로 내어 성냥각을 열지 않고 성냥을 꺼내는 것이 편리하다. 불을 끌 때도 성냥개피로 끈다. 초 심지를 가로로 눌러 촛불을 끄는 것이 좋다. 촛불을 입으로 끄면 꺼진 후 발생하는 냄새가 와인의 향을 덮을 수 있고 혹여 고객에게 피해를 주거나 미관상 좋지 않아 지양하는 것이 좋다.

12) 재떨이

3. 와인 테이블 매너

1) 와인을 레스토랑에 가져가 마시고 싶을 때

본인이 좋아하는 와인을 가지고 있는 사람은 특별한 만찬에 본인이 가지고 있는 좋은 와인을 마시고 싶을 것이다. 이 경우 레스토랑과 커뮤니케이션 없이 들고 가는 것은 실례가 된다. 예약할 때 지참해도 되는지 확인해야 한다. 허락을 받았을 경우 레스토랑에 방문하여 와인을 건네고 서비스를 부탁하면 된다. 레스토랑마다 조금씩 다르지만 이 경우 '콜케이지(corkage)'라고 하는 비용을 지불하여야 한다. 이 비용은 와인에 필요한 여러 가지 서비스에 대한 댓가이다. 일반적으로 판매금액의 1/3정도를 청구하나 이 또한 레스토랑마다 다르다.

2) 주문시

양식을 주문하는 경우 복잡하여 일반인들은 곤혹스러워한다. 다행히 양식에 대해 잘 아는 지인과 동석한다면 같은 것으로 라고 간단하게 주문을 하거나 지인에게 추천을 받으면 된다. 그러나 동석한 사람들이 모두 양식에 대해 잘 모를 경우 어쩔 줄 몰라하는 경우가 있으나 이 때는 직원에게 물어 추천을 받으면 된다. 와인 또한 마찬가지로 잘 모를 경우 소믈리에의 도움을 받으면 된다. 부끄러워하지 않아도 된다. 그 이유는 일반인들이 와인과 음식의 매칭에 대해 잘 알기란 힘들기 때문이다. 와인 주문요령은 다음과 같다.

첫째, 와인리스트를 살펴본다.

둘째, 같은 와인이라 하더라도 포도의 생산년도에 따라 와인의 품질이 다르므로 정확한 빈티지를 주문한다.

셋째, 요리와 어울리는 와인을 주문한다.

넷째, 격에 어울리는 와인을 주문한다(고급요리-고급와인)

다섯째, 식사인원을 고려하여 주문한다(1병=4~6잔)

3) 서빙 시

소믈리에가 와인을 따를 때 잔을 들어서는 안 된다. 그러나 우리나라 문화에서는 쉬운 일이 아니다. 누군가 음료를 따를 때 우리는 잔을 드는 것이 일반적이어서 습관이 되어 있기 때문이다. 와인을 따를 때 와인 잔 베이스를 살며시 누르는 것은 무방하다.

4) 와인 따를 때

동료에게 와인을 따를 때 자신이 따르지 말고 소믈리에를 불러 따라 줄 것을 부탁한다. 그러나 본인이 따르고 싶다면. 와인 글라스와 와인 병 주둥이가 부딪치지 않도록 따르고 와인이 테이블이 떨어지지 않도록 마지막 부분에서 병을 살짝 돌려주고 린넨으로 주둥이 부분을 훔쳐준다.

5) 글라스 잡는 법

와인 글라스는 여러 가지 모양을 하고 있으나 공통적으로 편하게 잡을 수 있는 스템(Stem)이 있다. 와인 글라스를 잡을 경우 이 부분을 잡는 것이 일반적이다. 글라스의 볼 부분을 잡는것이 편하다면 그렇게 해도 무방하다. 단, 건배를 할때는 스템 부분을 잡아준다.

6) 와인 마실 때

와인을 마실 때 서빙을 받자 마자 마시는 것이 아니라 눈으로 색을 확인하고 두세 번 정도 돌려 향을 확인하고 한 모금 마시는 것이 좋다. 한모금 마시고 나서 와인에 대해 이야기하는 것도 좋다. 한번에 잔을 비우는 것은 매너가 아니다. 그리고 와인 테이스팅을 위한 자리가 아님에도 불구하고 식사 내내 드링킹(Drinking)이 아닌 테이스팅(Tasting)을 하는 것은 매너가 아니다.

7) 건배할 때

스템을 잡고 잔(볼)부분을 가볍게 부딪치는 것이 좋다. 건배 후 완전히 다 마시는 것이 아니라 한모금 정도 마시는 것이 좋고 마시기 싫으면 입에만 갖다 대었다 놓아도 무방하다. 그러나 건배하자마자 잔을 내려놓는 것은 실례이다. 그리고 건배할 때 상대방의 눈을 바라보는 것이 매너이다.

8) 사양할 때

와인을 더 마시고 싶지 않을 때 와인 서빙 시 손바닥을 잔 위에 살짝 얹어 놓으면 된다.

9) 와인 반환

와인이 상했을 경우에 반환이 가능하다. 예상했던 맛과 향이 아니라는 이유로 반환할 수 없다.

10) 기타

한꺼번에 잔을 비우지 않는다(테이스팅할 때는 제외).

상대방과 보조를 맞추어 마신다.

와인 글라스를 지나치게 흔들지 않는다.

고급와인을 마셨을 경우 소믈리에 시음용으로 조금 남겨두고 가는 것이 매너이다.

▣ 저자 소개

김현영

(사)한국국제소믈리에협회 이사
한국와인 · 소믈리에 학회 이사
(사)한국호텔관광학회 이사
경희대학교 대학원 조리외식경영학 박사
경희대학교 대학원 조리외식경영학 석사
경희대학교 관광대학원 마스터 소믈리에 와인컨설턴트 전문과정 수료
마스터 소믈리에 와인컨설턴트 자격증 취득 / (사)한국국제소믈리에협회
와인전문강사 자격증 취득 / (사)한국국제소믈리에협회
백석대학교 관광학부 시간강사
부산 가톨릭대학교 인성교양학부 시간강사
경희대학교 사회교육원 외식경영학과 시간강사
인덕대학교 관광레저경영학과 시간강사
한국와인 · 소믈리에 학회 편집위원
한국관광대학 와인소믈리에 과정 시간강사
안산시 여성회관 와인소믈리에 과정 책임강사
(주)아시아트레져네트워크 기획팀 / 사원
청담동 A.O.C. 레스토랑 / 에이오씨 영업부사원
청담동 Wee & BF 와인 바 / 사원
(주)화인양주 / 파견영업사원
소믈리에 자격증, 소믈리에 경기대회 문제집(한올출판사) 출제위원

조원섭

현재, 백석대학교 관광학부 교수
동국대학교 관광경영학과 졸업(경영학 학사)
경주대학교 관광학과 졸업(관광학 석사)
계명대학교 관광경영학과 졸업(경영학 박사)
경주 콩코드호텔 식음료팀장
경주 콩코드호텔 기획실장
호텔리조트학회 이사 한국호텔외식경영학회 이사

자격
　와인 소믈리에
　바텐더
　커피 바리스타
　JLPT 1 급

저자와의
합의하에
인지첩부
생략

about 와인&소믈리에

2014년 3월 15일 초 판 1쇄 발행
2023년 1월 10일 개정판 2쇄 발행

지은이 김현영·조원섭
펴낸이 진욱상
펴낸곳 백산출판사
교 정 편집부
본문디자인 구효숙
표지디자인 오정은

등 록 1974년 1월 9일 제406-1974-000001호
주 소 경기도 파주시 회동길 370(백산빌딩 3층)
전 화 02-914-1621(代)
팩 스 031-955-9911
이메일 edit@ibaeksan.kr
홈페이지 www.ibaeksan.kr

ISBN 978-89-6183-881-8 93570
값 27,000원